OBSERVATIONS
MINÉRALOGIQUES

SUR

LES ENVIRONS DE VIENNE.

PAR

LE C^e G. DE RASOUMOVSKY,

Membre des Académies Royales des Sciences de Stokholm, de Turin, et de Munich; des Sociétés Minéralogiques de Jéna et de Petersbourg; de la Société Impériale des Naturalistes de Moscou; de celle de Physique de Zurich, et Physico-Médicale de Basle, et Associé libre étranger de la Société Agraire de Turin.

Avec dix planches dessinées d'après nature et coloriées.

VIENNE,

CHEZ LEOPOLD GRUND

1822.

AVANT-PROPOS.

Durant l'indécision dans laquelle me tenoient les libraires auxquels j'avais offert mon manuscrit pour l'imprimer, j'ai reçu le cahier du journal de physique du mois de juin de l'année 1820, faisant mention d'un Mémoire de M. *Constant Prevost* sur la constitution géognostique des environs de la ville de Vienne en Autriche, et en annonçant la prochaine publication, qui en effet a eu lieu depuis dans le même journal.

Quelque chagrin que je dusse éprouver d'avoir été prévenu dans l'objet d'un travail dont je m'étois occupé depuis très-long-temps, je n'ai pourtant pas cru devoir le supprimer, lorsque j'eus pris lecture du Mémoire, et cela d'autant moins que ni le même point de vue, ni la même manière de voir, n'ont dirigé les observations de M. *Constant* et les miennes.

Il est évident pour quiconque a quelque connoissance de cette partie de la basse-Autriche, que M. *Constant* n'a guères connu que les environs de Bade: la portion du bassin dont il donne l'histoire ne s'étend guères au delà; les formations de graviers et de sables, celles des brèches coquillières si abondantes en pétrifications, et celles extrêmement remarquables sous plus d'un rapport de la chaîne des Monts Cettiens les plus voisines de la capitale de cet empire, lui ont été étrangères. Il paroit d'ailleurs qu'il a été induit en erreur même sur les formations des environs de Bade, où il sembloit avoir fixé son séjour, puisqu'il assure que les montagnes de cette belle contrée qui bordent son bassin, sont entièrement composées de pierre à chaux compacte, couronnée par des dépots de brèche, tandis que comme je le prouve, toutes ces montagnes, les mêmes qui donnent naissance aux eaux minérales auxquelles cette ville doit sa célébrité, offrent au contraire une formation toute entière et singulière de brèche, et cela depuis leur pied jusqu'à leur sommet; ce qui a pu induire M. *Constant* en erreur, c'est que ce n'est qu'à une certaine hauteur qu'elles commencent à se charger si richement de débris de formations détruites ou de cailloux roulés, mais il est si constant que tout est brèche ici, que même elle environne de toute part des formations de charbon minéral et de gypse comme on le verra dans cet ouvrage, et leur sert sans doute de base.

Il paroît encore que le fait très-important des ossemens fossiles que renferment ces mêmes environs, et de ce que j'ai nommé *filons osseux*, a échappé à M. *Constant* comme à tant d'autres naturalistes.

J'ajouterai avant de terminer cet avant-propos, que depuis que cet ouvrage est sous presse, les observations, les découvertes et les planches se sont encore tellement multipliées, qu'il deviendra absolument nécessaire, d'y ajouter bientôt une Seconde Partie, ou de livrer à l'impression des additions importantes : déjà je possède les dessins de la plupart des objets nouveaux d'un intérêt majeur et absolument ignorés, que mon zèle à poursuivre mes recherches, et d'heureuses circonstances, m'ont mis à même de rassembler; ils ont tous été dessinés sous mes yeux et avec soin, par un jeune artiste plein de talent que j'ai employé pour tous ceux qui accompagnent ces observations sur les environs de Vienne, M. *Bittner*, qui mérite d'être apprécié. —

OBSERVATIONS MINÉRALOGIQUES

SUR LES

ENVIRONS DE VIENNE.

Plusieurs séjours assez longs à Vienne Capitale de l'Empire d'Autriche, m'ayant mis à même autant que le temps et plusieurs circonstances contrariantes me l'ont pu permettre, de recueillir un grand nombre d'observations sur ses environs jusques à une distance de plusieurs lieues, je crois de mon devoir de les publier et les faire connoître au monde savant, d'autant plus que tout ce que l'on a écrit sur cette matière jusqu'a ce jour, ne m'a pas paru assez suffisant pour donner d'une manière un peu satisfaisante une juste idée de ce pays, plus intéressant qu'il ne le parait au premier abord sous le point de vue minéralogique et géognostique.

L'Abbé *Stütz* est presque le seul que je sache, qui se soit occupé avec quelque soin d'un ouvrage minéralogique sur les environs de Vienne (*Minéralogisches Taschenbuch, enthaltend eine Oryctographie von Unter-Oesterreich*), mais cet ouvrage n'est proprement, comme l'annonce son titre, qu'une Oryctologie topographique, qui nous apprend que tel ou tel fossile, telle ou telle pétrification, se trouve dans tel ou tel endroit, et ne nous présente point un tableau de l'histoire de la terre de cette petite partie de notre globe; il rapporte même beaucoup de faits fondés sur des ouï-dire, qui depuis ont été reconnus pour faux (*Voyez le Voyage de Schultes au Schneeberg en allemand*), et n'en a pas vu d'autres, chose singulière, qui sautaient aux yeux presque aux portes de la ville ainsi que de celle de Bade, et que je serai, j'ose le dire, le premier à faire connoître; et par exemple, on peut-être etonné que ses voyages en Autriche, l'ayant mis dans le cas de visiter *Mölk*, célèbre abbaye, il se soit contenté de conjecturer que la montagne sur la quelle elle est située a devoit être de granit, tandis que c'est un véritable Weifstein des Allemands, blanc, semé de petits grenats rouges, et renferment du graphite, et rarement de très-petits cristaux de Cyanite, ce dont il était pourtant très facile de s'assurer, puisque la roche est à pic sur le grand chemin du coté du Danube, et qu'il est très aisé d'en détacher des morceaux avec un marteau comme je l'ai fait. On trouve au reste dans l'ouvrage de l'abbé *Stütz* des détails topographiques et de localités que j'ai negligés, parceque l'objet du mien est moins les environs de Vienne que les formations qui s'y rattachent, et moins l'oyctognosie de cette contrée, que ce qui a trait aux observations géognostiques qu'elle offre.

Vienne Capitale de l'Empire d'Autriche, est située ainsi qu'un grand nombre d'autres villes, sur une plaine très spacieuse, fertile et sinueuse, se joignant à celles de la Hongrie, arrosée par le Danube, la Leyta, la March et d'autres rivières plus petites, enceinte en grande partie de montagnes et de hauteurs, dont celles qui bordent ce vaste bassin du coté du Nord vers la Bohême et la Moravie où j'ai des possessions, posent d'après mes propres observations immédiatement sur la roche primitive de formation très ancienne, qui en tirant sur Scheletau et Znaim ville de cette dernière province, est un mica-schiste (*Glimmer Schiefer* des allemands.), qui entre *Scheletau* et ma terre de *Rudoletz*, passe à l'etat d'une roche Graphitique noire, differente du micaschiste, en ce que le graphyte ou fer carburé y tient lieu de mica, et constitue une formation considérable et remarquable de plusieurs lieues d'étendue.

La longueur véritable de cette plaine, est selon *Ebel: Ueber den Bau der Erde in dem Alpengebirge*, *Tom. II. pag.* 153. au moins de vingt à vingt quatre milles d'Allemagne, ou de quarante à quarante huit lieues de France. Cet auteur ainsi que l'abbé *Stütz*, veulent que ces plaines immenses aient été jadis un Lac, ou même plusieurs lacs selon le dernier, formés par les courans sans doute énormes alors, des mêmes fleuves que je viens de nommer.

Que ces plaines aient constitué, le lit d'une très grande masse d'eau, c'est ce que je leur accorde volontiers, et ce dont on ne peut absolument pas douter. Que cette masse d'eau ait été produite par des courans, qui se sont formé avec violence des passages au travers des montagnes, c'est ce que prouvent les grandes ouvertures ou les vallées ouvertes sur les plaines, et c'est encore un fait démontré aujourd'hui presque jusqu'à l'évidence, et qu'il est impossible de contester: mais qu'elle ait été semblable à nos lacs, offrant une étendue et une profondeur prodigieuse d'eau douce, c'est ce me semble ce que l'observation dément totalement, puisque des eaux douces n'eussent dû laisser après elles que des dépots propres à les caractériser, tels que des coquilles fluviatiles, tandis que comme nous le verrons bientôt, ils ne font guères voir que les dépouiles des habitans de la mer, qui dénotent par conséquent le lit d'une mer semblable à celles de nos jours, formée par des fleuves ou deribles courans de ces mêmes mers, ou d'eaux salées, qui avaient sejourné bien longtems au dessus des plus hautes montagnes de la chaine Cettienne, sur la quelle on retrouve aussi tant de pétrifications de testacés marins et de zoophytes.

En effet dans plusieurs endroits où l'on a ouvert des fouilles pour se procurrer de l'argile à briques, on trouve souvent une immense quantité de coquilles fossiles à diverses profondeurs, et très souvent d'une conservation et d'une fraicheur étonnantes, aux couleurs près qui n'existent plus, et il y en a des plus petites et de plus délicates, qui font voir cette belle conservation. Celles que l'on déterre à Neudorf à une poste de Vienne, sur la route de Bade à cette ville ne sont pas dans ce cas, car c'est pour l'ordinaire une famille nombreuse de Coquilles de St. Jacques, tellement calcinées et fragiles, qu'il est presque impossible de les avoir entières; mais à un quart de lieue de Bade au contraire, où il existe aussi une pareille fabrique qui appartient à la ville, l'on trouves jusqu'à une profondeur de douze toises une grande quantité de coquilles très belles et presque point altérées. J'y ai ramassé moi même aidé de mon fils ainé, beaucoup de dentales de toutes grandeurs, et depuis trois pouces de longueur, fort grosses, canelées longitudinalement, à cannelures serrérs, et finement striées transversalement, jusqu'à moins d'un pouce et même cinq lignes seulement de longueur, très minces, hexagones, avec une arête saillante à chaque angle; beaucoup de vis, la fausse scala assez fréquemment, des cornets ou cones fort jolis, des fragmens de peigne epineux à fines epines très serrées, et rarement des pointes d'oursins. Outre ces coquilles j'y ai ramassé aussi de petits fongites, des hyppurites, et un fragment de cerveau de mer.

Je dois aussi à l'aimable obligeance de M. Rollet les morceaux suivants: la massue d'hercule, *Murex brandaris*, un Cadran, *Trochus perspectivus* malheureusement un peu endommagé, une valve de la conque de *Venus Dione*, dont les analogues comme on sait se vendent fort cher.

Mais une coquille très remarquable parcequ'elle est encore inédite, et que je ne sache pas, avoir jamais été rencontrée ailleurs dans de pareils terrains, semble se rattachez aux especes microscopiques du sable de Rimini en Italie, et offre un Nautile aussi petit que l'éperon *Nautilus Calcar* de ce sable, d'une conservation toujours assez parfaite quoique extremement delicate, et pas même calcinée. Elle est plate et discoïde, cependant un peu convexe d'un côté et concave du côté opposé, à bords saillans, très minces, aigus et tranchans, à spires peu marquées à l'oeil nu, qui paraissent être au nombre de trois ou quatre, à orifice linéaire, et toutes les cloisons, se prononçant d'un coté de la coquille par de légers renflements opâques, sur une des quelles on voit une fine raye brune, tandis que les parties intermédiaires sont translucides. Elle est blanche ou jaunâtre, et son têt ressemble à de la corne. Les Fig. 1 et 2 la réprésentent en grandeur naturelle et fort grossie au microscope.

On trouve enfin assez fréquemment dans cette même argile, des masses en forme de boules, ou ovoïdes, ou cilindriques, de marne durcie d'un gris cendré intérieurement, et d'un gris légérement jaunâtre à l'extérieur, qui renferment dans leur sein des pétrifications de plantes, comme les boules ou masses marneuses qui vous viennent d'Islande en renferment de poissons. Ces pétrifications de plantes, sont souvent des portions de tiges ou de branches rarement bifurquées, comme une branche qui en pousse une autre, et les vestiges de noeuds qu'on apperçoit quelquefois sur leur longueur, peuvent faire présumer, qu'elles appartenaient à des espèces de roseaux ou de cannes comme la canne à sucre. Leur substance est ou ferrugineuse brune et noire, coupée de veines minces de gypse spathique, ou entièrement gypseuse, et se composant alors d'une infinité de fibres, et d'aiguilles minces, courtes, et transparentes. D'autrefois ces masses marneuses semblent être des Carpolites: j'en ai qui sont composées de couches concentriques, avec un noyau d'un blanc grisâtre mêlé de parties ferrugineuses brunnes. J'en ai d'autres, où ce mêlange marneux et ferrugineux, présente intérieurment un tissu en forme de réseau.

Ces terrains sont encore remarquables par la quantité de chaux sulfatée qu'ils renferment: la plus petite parcelle d'argile, fait voir une infinité de particules brillantes de Sélénite, qui près de Bade, se présente abondamment sous forme de masses globuleuses ou informes, composées d'un assemblage de cristaux lenticulaires toujours transparens, blancs, ou jaunes, ou bleuâtres; il y a rarement de ces masses presque aussi grosses qu'une pomme.

J'en reçus une dans le courant de Janvier de 1821 presque plus grosse que le poing, offrant une belle druse, dans la quelle il y avait peu de petits cristaux, et beaucoup de grands ayant plus de deux pouces de longueur et environ un et demi de largeur, et présentant une variété de cette forme peu commune. Ces mêmes terrains renferment dans leur sein des fossiles bien plus rares en ce pays, et dont autant que je m'en rappele, aucun des auteurs qui en ont traité, n'avaient fait mention avant moi, ce sont des pétrifications de bois, telles qu'un morceau très intéréssant qu'on m'apporta dans le courant de Janvier 1821, trouvé à Bade même, dans la rue dite de Vienne, *Wienergasse,* en creusant un puits, offrant un fragment de tronc ou de grosse branche d'un arbre agathisé et qui a pris un très-beau poli. Il est cilindrique, ayant environ huit pouces et demi de longueur et deux et demi de plus grand diamètre. A l'extérieur où il semble encore doué de son ecorce ou de son aubier, il est d'un jaune fauve, et intérieurement brun avec quelques parties grises. Cette pétrification, paroit être celle d'un bois très-compàcte et sans doute très-dur, dont les fibres ligneuses ne sont sensibles que dans quelques endroits, où elles forment alors de jolies veines jaunes, et quelquefois des espèces de noeuds d'un fort bel effet dans la pierre polie, et cependant, les cercles annuëls en sont assez fortement prononcés.

On a trouvé aussi en creusant des puits en divers endroits, des Coquilles de Mer fossiles, et l'on en trouve encore une grande quantité de calcinées dans plusieurs environs de Vienne, près de *Raggendorf*, et plus encore autour de *Grannesdorf*, dans le sable gris noirâtre dont cette plaine se compose, qui selon l'abbé *Stütz* (*Mineral. Taschenb. p.*179.) bien lavé, est entièrement semblable à celui de la Mer, et fait voir un grand nombre de petits grains de grenat rouge, de Quartz blanc et de fer Magnétique ou oxidulé, ou plutôt que l'abbé *Stütz* a pris pour tel, et qui sans doute est une espèce de fer oxidulé titanifére ou ménacan, qui en effet, semble comme je l'ai fait voir dans mon *Coup d'oeil Géognostique sur le Nord de l'Europe en général, et particulièrement de la Russie*, imprimé à Berlin, pag. 48, caractériser assez constamment le sable de la Mer.

Selon l'abbé *Stütz* il renferme beaucoup de pailletes d'or, et déjà dans le fauxbourg de *Léopoldstadt*, des orpailleurs le lavaient autrefois pour en extraire ce Métal, mais il parait qu'ils ne faisaient pas fortune à ce métier puisque, depuis longtems, ils l'ont abandonné. Ce qu'il y a de certain, c'est qu'une petite quantité de ce sable que j'avais ramassé au *Léopoldstadt*, séparé le mieux que possible, de ses parties les plus grossières, lavé et bien seché, ayant été arrosé et bien mêlé avec du mercure bien pur, était, après en avoir décanté le métal liquide, jaunâtre, et avoit une consistence un peu visqueuse, et moyenne entre celle du Mercure coulant, et d'un amalgame d'or.

J'observerai à ce sujet, que je regarde comme très-fondée l'opinion d'*Ebel: Ueber den Bau der Erde in dem Alpengebirge*. Tom. II. pag. 41 et 42. que les eaux courantes prennent cet or dans les cailloux roulés des dépôts de cailloux et de graviers, qui se rattachent à ce que lon nomme terrains d'alluvion, (*Ebel* dit proprement *Nagelflue* ou sorte de brèche.), et que je regarde comme des formations détruites, qui n'existent plus aujourd'hui sur pied dans les pays qui en offrent ces vestiges, et qui comme celles des Quartz et autres pierres roulées qui recouvrent la terre, et remplissent les lits des rivières, annoncent que ces formations furent jadis très considérables, et sont maintenent entièrement anéanties. Je crois avoir suffisamment prouvé dans mon *Coup d'oeil géognostique*, la destruction d'un nombre prodigieux d'espèces Minérales, comme d'autres ont prouvé celle de beaucoup d'espèces Animales et Végétales.

Les sinuosités que présente cette plaine, forment assez souvent des collines isolées et assez hautes, et semblent des isles nombreuses semées sur sa surface, dont on saisit aisément l'emsemble des points les plus elevés des environs de Vienne, tels par exemple que les sommités des *Türkische Schanze* dont je parlerai bientôt. Une partie de la ville même avec quelques uns de ses fouxbourgs, soit situés sur plusieurs collines pareilles, et le plus remarquable de ces sites, est sans contredit la belle et singulière rue de la Capitale nommée *hohe Brückengasse, rue du haut pont,* parceque en effet elle est suspendue en partie sur un pont très elevé et pavé, qui réunit deux collines, et du haut du quel, l'oeil plonge au fond d'une autre rue basse, construite entre elles.

L'on a ouvert dans plusieurs d'elles des Carrières de sable et de gravier qui permettent d'en reconnoître l'intérieur. J'ai visité celles près du beau palais Impérial nommé le *Belvédère*; elles sont composées de couches horizontales de gravier et de cailloux roulés souvent très prononcées, souvent aussi mélées ou confondues, souvent remplies d'ocre de fer, qui y forme même ça et là des espèces de veines, et parmi ces cailloux, les plus communs sont constamment des grès très durs susceptibles d'un beau poli, verdâtres ou d'un vert foncé, et plus rarement tout à fait noirs, qui se rattachent encore évidement à des formations entièrement détruites, puisque on ne les retrouve plus constituant des rochers dans les Montagnes, et qu'on ne les trouve plus (en grand nombre à la vérité dans toutes les formations de graviers et même de brèches de la basse Autriche), que sous la forme de pareils cailloux roulés, d'une origine presque aussi ancienne peut-être que les granits, les Gneiss, les Mica-schistes, les Syénites que l'on y rencontre aussi avec d'autres grès d'une formation plus moderne, pareils à eux que nous verrons plus bas constituer en partie les plus hautes montagnes de la chaine Cettienne. On ramasse aussi parmi ces cailloux des espéces extrêmement belles, dont j'ai recueilli une collection intéréssante et qui pourraient donner de très jolis bijoux, si les lapidaires étaient plus instruits et savaient les déterrer, telles que des jaspes, entre autres un Jaspe secondaire renferment des vestiges de pétrifications, qu'on ne connait plus parmi les formations de nos jours, des Serpentines, entre autres tellement remplies de grains et souvent de gros grains de mine de fer noire magnétique, qu'elles agissent fortement sur l'aimant, et qui paroissent encore constituer des epèces perdues, que *Stülz*, *Schultes*, ni aucun des auteurs qui ont écrit sur ce pays, n'ont observeés dans les montagnes; beaucoup de très jolies avanturines, qui sont toutes de la nature du Mica-chiste, des *Fares-Kiesel* ou Quartz fibreux, mais rarement chatoyans, et une espèce de Quartz particulier très commun, que j'ai nommé *Oléïte*, parce qu'il parait même constituer une espèce nouvelle, verdâtre ou tirant sur le jaune, d'un oeil gras comme de l'huile figée, et prenant un poli également gras *). Mais les cailloux les plus rares et plus extraordinaires sans doute, sont quelques produits volcaniques, et entre autres, une véritable Obsidienne, qui ressemble beaucoup à celle des isles de *Lipari*, et prend un beau poli semblable à celui de l'Obsidienne d'Islande.

Je ne puis m'empêcher à cette occasion de faire connoître une autre très belle pierre beaucoup moins rare que la précedente, qui semble encore se rattacher aux espèces qui doivent leur origine au feu souterrain. Elle est souvent de la grosseur d'une tête d'enfant, et offre dejà à sa surface, des vestiges de fusion, des parties comme coulées, des pores semés çà et là. Elle est d'un beau brun tirant au noir, très compacte à l'oeil nu, souvent d'un aspect terreux comme un Jaspe, ou douée d'un certain éclat demi vitreux comme certains basaltes ou certaines Wackes; elle est opaque, et n'est translucide surtout dans les parties minces, que dans des endroits où des parties blanches de

---

*) Il est aussi quelquefois fibreux et ressemble alors à un bois pétrifié. Il est à ce qu'il parait moins dur que le Quartz, et au chalumeau, il ne tarde pas á devenir blanc, et à passer sans changer de forme à l'état d'une pâte de porcelaine, qui est aussi blanche mêlée de veines noirâtres quand on traite l'oléïte fibreux, dont les fibres éprouvent même çà et là un degréde vitrification.

même nature qu'elle, remplissent des pores dont elle est entièrement composée, pores ronds, sérrés, presque microscopiques, et qui dans une plaque mince de ce beau fossile, dont l'espéce n'existe plus dans les formations encore sur pied, se manifestent çà et là sous forme de points blancs, ronds et transparens; elle est remplie aussi de beaucoup de parties vitreuses noires semblables à l'Obsidienne, et prend un poli eclatant semblable à celui de ce verre des volcans. Ce fossile qu'on pourrait nommer *demi - Obsidienne*, produit d'un degré de chaleur moyen entre celui nécessaire à la production des laves lithoïdes, et celui propre à la vitrification, et présentant par conséquent à ce qu'il parait, des caractères d'une formation moyenne entre celle du basalte et celle de l'Obsidienne, ce fossile dis - je soumis à l'action du chalumeau, se fond assez promptement, et donne un verre opáque ou un émail bulleux rempli de petites souflures; mais les parties vitreuses noires devienent blanchâtres, avec un eclat un peu vitreux, et une texture compacte, passant à la rayonnée même en forme d'étoiles, semblables en petit aux étoiles que l'on observe dans une superbe Obsidienne dont je possede un exemplaire, et qui doit être du mont Etna; avec addition de borax, il donne un verre vert de bouteille presque noir quand le borax est en petite quantité.

Sous ces Couches, à environ huit pieds au dessus du sol de la carrière, en est une d'argile d'un gris jaunâtre ou bleuâtre, feuilletée, d'un jusqu'à deux pieds d'épaisseur, sous la quelle reparoissent de nouveau celles de gravier et de Cailloux de diverses épaisseurs, où souvent ces derniers sont réunis en forme de brèche ou de poudingue ou de Nagelflue de la Suisse, mais qui sont d'une origine bien plus nouvelle et se produisent pour ainsi dire journellement, par le moyen des particules de chaux carbonatée, provenant de la décomposition des pierres à chaux et des marbres roulés dont les eaux sans doute temporaires s'emparent çà et là, et déposent ou laissent precipites ensuite, dans les endroits où ces cailloux sont le plus entassés, et où ces precipités forment en se desséchant des enduits ou des écorces qui se moulent autour d'eux, et sont quelque fois encore minces comme une carte à jouer et très fragiles, ou un ciment plus ou moins dur, qui les aglutine ensemble.

Dans les commencemens de Juin 1820, on decouvrit dans les carrières de gravier pres du *Belvédère* un grand nombre d'huitres fossiles, qui avaient indistinctement leur gissement dans toutes les couches, mais surtout dans la profondeur. Elles étaient en partie calcinées, et recouvertes de serpules qui s'attachent ordinairement à ces coquilles, et toutes se rapportaient à l'espèce de l'huitre commune, excepté un seul individu que je possede plus alongé, ayant un bec recourbé du côté gauche, et qui à cause de sa ressemblance avec la Gryphite, peut-être nommée *huître Gryphoïde, Ostracites Gryphoides*, que j'ai fait des siner et graver Fig. 3 de cet ouvrage. Du tems de l'abbé *Stütz*, on deterrait à ce qu'il paroit rarement des testacés marins fossiles, et point d'huitres, dont il ne fait pas mention *Mineralog. Taschenb.* p. 43. mais c'est là que selon *Gmelin: Mineralogie de Linné* en Allemand, *Partie 3.* p. 16. on a trouvé un Echinite, *Echinus cucurbites Mercati*, un *Murex granulatus* et un *Turbo Litoreus* qu'on n'y rencontre plus aujourd'hui, et que l'on n'y rencontrait sans doute, que dans le tems où les exploitations n'étaient pas encore aussi profondes qu'à présent, ce qui semblerait prouver, que la mer a formé ici à des époques successives, des dépots renferment des familles différentes de testacés, qui ne reparoissaient plus aux époques suivantes, à moins que la négligeance et la grande infouciance des ouvriers pour ces sortes de choses, n'en ait soustrait la connaissance aux observateurs d'ailleurs fort rares dans ce pays.

Selon *Born: Index Fossilium*, il a été trouvé près de *Moedling*, au sein des Couches de Collines toutes; semblables couvertes de vignobles, des Bucardites, des Camites, et du bois petrifié, et selon l'abbé *Stülz: Mineral. Taschenb.* p. 43 on a trouvé des Belemnites dans le fauxbourg de *Mariahilf*.

Les cailloux que ces dépots renferment sont de diverses grandeurs, et souvent très-grands, et roulés assez grossièrement comme plusieurs de ceux que l'on observe encore le long des plages maritimes; mais on y voit aussi une infinité de ces petites pierres pas plus grandes qu'un écu, plus ou moins rondes, plates et semblables à des disques que l'on nomme vulgairement galets, et qui ne se trouvent guères que dans les lits des rivières.

Ainsi ces Collines semblent au premier aspect, présenter le phénomène singulier de deux formations d'eaux de mer et douces fondues ensemble; mais comme on n'y découvre aucun testacé fluviatile, ni aucun vestige d'un long sejour des eaux douces comme nous l'avons dejà vu plus haut, on ne peut guères douter que le mélange des galets de rivière ne soit dû à des débordemens et des inondations du Danube à une époque très-reculée, anterieure peut-être même aux antiquités Celtiques dont l'Allemagne offre tant de restes, débordemens souvent formidables de nos jours même à une partie des fauxbourgs de la Capitale, et surtout à celui de *Léopoldstadt.*

Une autre particularité non moins remarquable qu'offrent la plaine et les Collines de sable et de gravier des environs de Vienne, sont les restes de grands animaux mammiféres que l'on y déterre de tems à autre: L'abbé *Stülz: Min. Taschenb.* p. 43. dit que lui même a trouvé dans celles près du Belvédère un os de la jambe d'un mammifére inconnu, et pag. 42, qu'on a deterré dans le fauxbourg de *Thury* des dents molaires de Mammouth, et même page un peu plus loin, que du tems de l'Impératrice Marie Thérése, on deterra dans le *Weihberggasse* autre fauxbourg, un squelette entier d'Unicorne ou de Narval. Selon *Born Index fossilium*, on a trouvé une dent de Mammouth fossile près de Moedling dans des Collines couvertes de vignobles, et d'autres semblables à *Enzersdorf* village comme *Moedling* à peu de lieues de la Capitale. Selon *Gmelin: Minéral de Lin:* 3ème *Part.* p. 454 on a retiré de grands os fossiles du Danube près de Vienne, et Stülz dans son ouvrage cité sur la basse Autriche, assure qu'on a rencontré plusieurs fois des squelletes entiers d'animaux monstrueux sur les bords, sur les isles, et en général tout le long du Danube, et que lui même, a vu une portion de squelette vraisemblabelemeut d'hyppopotame, déterrée près de *Nusdorf;* il ajoute même page 184 qu'on trouve des squelettes de ces grands mammiféres, dans toute la serie des Collines depuis la plaine de Vienne jusqu'anx frontièrs de la Moravie, ainsi que des testacés marins en grand nombre.

Pendant et depuis mon séjour à Bade en 1820, on a trouvé aussi beaucoup d'os fossiles dans la terre de la fabrique de briques de cette ville, si intéréssante comme nous l'avons vu, par le grand nombre de belles coquilles fossiles que l'on y déterre. J'y ai ramassé moi même un fragment de côte d'un grand mammifére entièrement calciné, mais ils le sont rarement, et les autres qu'on en a retirés, sont en général encore d'une grande fraicheur. Voici ceux que je posséde.

Des dents dont l'une adhére encore à une très-petite portion de mâchoire; à la grandeur près, elles ressemblent assez à celle qu' a décrite de funt Chevalier de *Lama-*

non, Journ. de Physique an 1782. T. I. Pl. 1. fig. 1, excepté que la mienne à une racine de plus. Voyez fig. 4 et 5 à la fin de cet ouvrage, qui la représentent sous deux aspects différens.

Deux autres dents appartienent évidemment à une même espèce et peut-être à un même individu, et sont des défenses de Cochon. Elles diffèrent beaucoup de celles du nôtre, d'abord par leurs dimensions, étant au moins une fois aussi grosses, et selon toute apparence deux fois plus longues si elles étaient entières, c'est-à-dire d'environ neuf pouces de longueur. Elles en diffèrent aussi par leurs formes, car elles sont presque cilindriques excepté en dedans de leur courbure, où elles sont un peu aplaties avec une profonde canelure au milieu. L'une de leurs deux faces latérales et pas toujours la même, est lisse et comme polie, tandis que l'autre présente quelques canelures longitudinales, et la face antérieure fait voir des stries longitudinales, croisées par d'autres transversales sur la moitié de sa longueur. L'une de ces dents, est d'un jaune un peu brun, avec des parties et des taches brunes, et l'autre est blanche. Elles sont en général peu calcinées, et il n'y a que le centre ou le noyau de l'une (qui paroit avoir été tronquée et endommagée à sa pointe peut-être par les ouvriers) qui l'est, et happe à la langue, tandis que le reste très-epais de sa substance, est très bien conservé avec tout son eclat et sa blancheur. Voyez les fig. 6 et 7. Ces defenses paraissent avoir appartenu à une très grande espéce dé Cochon, dont je crois avoir retrouvé l'analogue dans un très grand individu qui se voit au musée Imperial de Vienne, dont les défenses me semblent être les mêmes.

Deux autres dents de Cochon, se rattachent encore à une même espèce et semblent avoir appartenues à une petite espèce comme celle du Pécari, qui ne sortent point de la bouche, et ne forment point de véritables défenses comme chez toutes les autres de ce genre. Elles diffèrent encore de celles du cochon d'Europe, parce qu'elles sont au moins une fois plus grosses, et d'un tiers plus petites.

Le morceau le plus intéressent sans contredit qu'aient donné ces fouilles, est une portion du squelette d'un petit mammifére que je possede, et qui, à ce qu'il parait, a appartenu à un animal inconnu. On en a déterré vingt six portions d'un crâne ; neuf os qui semblent avoir fait partie des cuisses, des bras et des avant-bras ; et dix huit côtes et leurs fragmens. Ces os que les ouvriers prétendaient être ceux d'un enfant, sont bruns, happent plus ou moins à la langue, ne flamment point au feu, mais passent tout de suite à l'état de charbon, et ensuite à celui de Chaux. Les plus grands, qui semblent avoir été des tibias ou des fémurs, et ceux qui paraissent avoir appartenu aux avant-bras, n'ont pas tout-à fait deux pouces de longueur, et les Côtes extrêmement minces et très arquées quand elles sont entières, en ont un peu plus de trois. La quantité d'osselets du crâne est remarquable. Ce crâne est d'une minceur extreme et presque comme une carte à jouër, et néanmoins il est composé de deux lames quelquefois très prononcées. La partie exterieure ou convexe de ces fragmens, est finement striée, la partie intérieure ou concave, présente une infinité de pores longs en series parallèles. En rangeant ces os aussi parfaitement que possible à la file les uns des autres, vu le défaut de tous ceux qui eussent complété le squelette entier, puisque toute la colonne vertébrale manque avec plusieurs autres os, tandis que plusieurs autres sont tellement endommagés, qu'on ne sait plus quelle place leur assigner, en rangeant dis-je tous ces os à la file les uns des autres le plus parfaitement possible, il faut ce me semble présumer, que cette espèce avait au moins quinze à seize pouces de longueur, avec une tête monstreuse, on voit fig. 8

un fragment de crâne vu en dessus et fig. 9 en dessous : puis fig. 10 et 11 deux os, qui sont peut-être un fémur et un tibia, puis fig. 12 et 13 deux côtes, et puis enfin fig. 14, 15, 16, 17, 18 cinq autres osselets fort singuliers *).

Les Testacés étaient incontestablement des habitans de ces anciens lacs salés ou de ces anciennes méditerranées, mais les squelettes et les ossemens fossiles d'animaux tant grands que petits qu'on y déterre, doivent nécessairement avoir été charriés et déposés dans leurs lits, par des inondations ou des alluvions momentanées des eaux qui se rendaient dans ces mers, et ce qui semble bien venir à l'appui de mon opinion, c'est qu'assez rarement on rencontre des squelettes entiers, et cela dans des endroits sans doute où les animaux submergés tout à coup, n'ont pas été transportés à de grandes distances des points de leur départ, mais bien plus souvent des portions de leurs squelettes, des os épars, et même des fragments d'os ; et ces alluvions momentanées, sont attestées par les coquilles d'eau douce que l'on trouve mêlées à ces dépots seulement dans certains endroits, où il est évident que leur présence est accidentelle, et qu'elles n'y constituent pas une formation de dépots considérable et distincte, comme le prouve assez leur petit nombre en comparaison des autres, qui ne va peut-être pas au cinquième, si non moins encore, de la quantité des coquilles de mer, qui ainsi que les restes de mammifères enfouis plus tard dans leur sein, dénotent tous des espèces inconnues aux climats sous les quels nous vivons, ou des espèces détruites et dont on ne connoit point du tout les analogues.

Au sein de ces riantes collines riches des dons de Bacchus et de Cérès, répandant tant d'agrément et de variété sur les sites de cette contrée et surtout des environs de Vienne, s'élèvent d'autres guères plus hautes plus près des montagne qui bornent ce vaste bassin dont nous venons de reconnoître une partie. Celles-ci, quoique l'Abbé *Stütz* semble avoir confondu les âges de toutes les formations de ce pays en avançant page 38 de son ouvrage, que non seulement la plaine, mais même les collines et les montagnes d'une hauteur déjà remarquable, paroissent appartenir aux formations les plus nouvelles, celles ci dis-je sont évidemment plus âgées que les autres, puisqu'elles font voir déjà des couches pierreuses solides, constituant une bonne pierre à bâtir, dont on se sert avec avantage à Vienne et dans le voisinage, avec une pierre sablonneuse qu'on apporte de Hongrie, et qui se laisse scier comme la pierre sabloneuse calcaire de *Maestricht*.

Elles s'étendent également fort au loin selon l'auteur que je viens de citer (Voyez page 58 de son ouvrage), et vers les villages de *Waehring*, *Poetzleinsdorf*, *Ottagring*, *St. Veit*, *Schoenbrunn*, *Lising*, *Brunn*, *Moedling* et jusqu'à *Bade*, *Foeselau*, *Neustadt*, derrière la *Leitha*, et près de *Haimburg* : mais j'ai lieu de croire que l'abbé *Stütz* a donné trop d'extension à cette espèce de chaine de hauteurs, et que peut-être un grand nombre d'elles, se rattache encore à la formation beaucoup plus jeune sans doute, des graviers, des sables et des cailloux roulés ; du moins me paroit-il certain que près de *Bade* il n'en existe point de pareilles.

---

*) Il est bien étrange sans doute, qu'on ne sache absolument plus aujourd'hui, ce que sont devenus tant de défenses, de dents et de grands os fossiles de grands animaux, déterrés comme nous l'avons vu selon *Stütz*, *Born* et *Gmelin*, dans les environs de Vienne ! Je n'ai vu au Musée Impérial de cette Capitale, qu'une grande défense d'Eléphant ou de Monmouth, et une belle mâchoire, garnie encore de ses molaires d'un éléphant trouvés à *Nussdorf*, et premier gardien des cette collection monsieur *Megerle de Mühlfeld* m'assure qu'il n'yexiste aucun autre os fossile des environs de la ville.

Celles qui sont le plus près de la Capitale et peut-être les plus intéressantes sont les *Türkische Schanze*, ainsi nommées, parceque l'on croit que les Turcs lorsque jadis ils assiégèrent Vienne, y avaient construit des retranchemens, mais elles n'offrent aucun vestige du travail de l'homme de guerre, et sont encore telles que la nature les a formées. Elles sont comme toutes les formations de ce genre très-sinueuses et arrondies vers leurs sommets, et ne présentent point d'escarpement à l'ocil de l'observateur; leur surface est aride et pelée, mais on peut fort bien reconnoître leur structure, dans plusieurs carrières ouvertes à leur pied le long de leurs pentes et dans leurs parties supérieures.

L'on observe d'abord que toute leur enveloppe extérieure presque entièrement dénuée de terre végétale à sa surface, se compose d'une espèce de pierre sabloneuse tendre, ou sablon durci ou qui se durcit à l'air, d'un gris jaunâtre, presque entièrement calcaire faisant une vive effervescence avec les acides, et présentant des couches presque horizontales et épaisses, remplies de coquilles calcinées, qui sont toutes des cames striées ou canelées, ou à côtes saillantes, assez semblables à celles que nous trouvons encore partout dans l'Océan. Viennent ensuite sous cette enveloppe ou croute épaisse:

Premièrement, un banc d'une autre pierre sabloneuse grise, grossière d'un aspect terreux, à ciment calcaire ou marneux, presque dénué de pétrifications, mais coupé de plusieurs couches assez épaisses de craye d'un blanc grisâtre, qui semble être entièrement composée de détritus de corps organiques du règne animal, dépot considérable de petits fragmens de coraux *isis nobilis*, entièrement changés en craye friable, et qui lorsqu'on les rompt, permettent encore de reconnoître à un certain point leur structure intérieure; on leur retrouve même quelquefois, surtout à leurs surfaces, des vestiges de la couleur rouge des coraux. Ces fragmens paroissent avoir appartenu à de très jeunes animaux, qui n'avoient pas eu le tems de grandir, lorsque la révolution qui les a brisés et enfouis est venue les surprendre.

Secondement: Une couche d'un à deux pieds d'épaisseur d'une brèche, dont le ciment est de même nature, que celui du grès dont je vais incessamment parler: elle ne renferme à ce qu'il paroit que des cailloux roulés, la plupart de la grosseur d'une pomme.

Troisièmement: Une couche qui semble faire partie de celle sur laquelle elle s'appuye, ce qui est cause que je n'en ai pu déterminer l'épaisseur. Cette couche est très-remarquable, en ce qu'elle se rattache aux plus jeunes des formations pierreuses connues: elle est plus ou moins jaunâtre à l'extérieur, et intérieurement d'un blanc grisâtre, fort mêlee de veines jaunes, quelquefois presque de la nature de la craye, quelquefois aussi recouverte d'herborisations grossières noires à ses surfaces, et remplie de cavités, empreintes de coquilles fossiles et de leurs noyaux, se rattachant à ce qu'il paroit à de très petites espèces fluviatiles, telles que la came, la moule et la nérite de riviere, qui vu les stries et les grénelures que l'on observe souvent à leurs surfaces, semblent des espèces exotiques, et enfin aussi de tout petits univalves, qui semblent se rattacher aux espèces de coquilles de terre. On trouve cependant au sein de ces habitans des rivières, des mousses ou des marais, un nombre très-rare de ces mêmes cames que nous avons trouvés ci-dessus, gissans dans l'enveloppe extérieure de ces collines. La plupart de ces noyaux et empreintes, sont recouverts d'un oxide superficiel brun, que je présume être un oxide de manganèse.

Et quatrièment: Environ quinze pieds d'épaisseur d'une pierre sabloneuse grise, ou d'une espéce de grès semblable à celui du banc No. 1. qui renferme rarement quelque caillou roulé, mais encore un grand nombre de noyaux de cames.

Telles sont les stratifications qu'offre le haut de ces collines, voyons maintenant celles qui se montrent à de plus grandes profondeurs, en les suivant jusqu'au pied de ces hauteurs.

Ici, elles font voir des couches de trois à quatre pieds d'épaisseur, horizontales ou peu inclinées du midi au nord, d'une pierre sabloneuse ou plutôt d'une véritable brèche à gluten de la nature d'un grès assez dur et très-calcaire, d'un gris jaunâtre ou blanchâtre, souvent traversées de veines de quelques pouces d'épaisseur de sable très-fin plus ou moins ferrugineux, passant quelquefois à l'état d'une véritable ocre jaune tachant les doigts, et mélangés de particules de couleur d'or, semblables à du mica. Les cailloux roulés que cette brèche renferme en grand nombre depuis la grosseur d'une tête de clou et même moindre, jusqu'à des dimensions huit à dix fois plus fortes, sont en général les mêmes que ceux que l'on ramasse dans les carrières de gravier, et dans les plaines autour de Vienne, mais il est certainement très-remarquable, qu'un grand nombre aussi paroît se rattacher aux formations de la partie des Monts Cettiens la plus voisine de la ville, et offrent la même pierre à chaux ornée de dendrites, et le grès gris subordonné à la formation de cette pierre à chaux qu'on y observe, grès qui souvent est rempli de même, de petites taches, ou petites parcelles noires de charbon ou de lignite, fait intéressant qui annonce déjà, ce que nous prouverons incontestablement plus bas en son lieu, que cette brèche étant formée en bonne partie des débris des Monts Cettiens, ceux-ci doivent par conséquant avoir été fortement ébranlés et déchirés par une révolution semblable à celle qui a ouvert tant d'issues formidables, à tant de courans dévastateurs.

Cette pierre n'est pourtant pas également remplie de cailloux partout, et n'en contient même quelquefois pas du tout, mais elle renferme toujours un peu de sable quarzeux, et se présente toujours sous la forme d'un aglomérat de coquilles de mer, rarement simplement fossiles, le plus fréquemment pétrifiés, assez rarement entieres; ce sont presque toujours des fragmens, et leurs empreintes et leurs noyaux. Elles sont entassées les unes sur les autres sans ordre, et en telle profusion, que si l'on rompt les masses qu'elles forment, elles font voir à cause de l'irrégularité des positions respectives et des points de contact de ces amas, une prodigieuse quantité de pores grands et petits, et de toutes les formes, ce qui doit rendre cette pierre d'un très-bon usage en architecture, car le ciment en s'introduisant dans tous ces pores, doit en se désséchant incorporer pour ainsi dire les blocs les uns aux autres.

Ces testacés sont ordinairement convertis en spath calcaire tellement compacte, qu'on les croirait une pétrification siliceuse, et lorsqu'ils sont translucides, on les prendrait pour une calcédoine, si l'on n'était détrompé par leur peu de dureté, qui permet qu'on les éraille et entâme avec un instrument tranchant. Souvent la pierre qui les renferme est elle-même presque entièrement spathique. J'ai pu reconnoître à raison de leur conservation les espèces suivantes, qui pour la majeure partie sont des bivalves: des camites de diverses grandeurs, quelquefois très-petites à valves unies, plus rarement striées, canelées et ventrues; des anomies ou térébratulites grandes et petites, qui quelquefois ont conservé des restes de leur têt, les revêtant en manière de mince pellicule blanchâtre et un peu nacrée; il y en a de striées, d'ailées, de ventrues; des bucardites, dont je possède un fort gros noyau, recouvert encore en partie de ses deux valves de nature spatique, rarement des tellinnes, des ostracites, des fragmens d'huitres et de placunes, dont l'un fort endommagé, semble appartenir à l'espèce connue sous le nom de marteau, *ostrea malleus* simplement fossile, et dont la coquille brune, offre sa nacre encore douée d'un certain éclat.

Les autres fragmens d'huitres à valves tuilées ou douées de plis, ont appartenu sans doute à la crête de coq, ou à la feuille de laurier ; un autre fragment, semble avoir fait partie d'une pinite. Le plus souvent ces bivalves ne font voir qu'une seule de leurs valves.

J'ai découvert aussi en examinant les échantillons de cette brèche calcaire que je m'étais procurés sur les lieux, des noyaux d'une coquille inconnue, ordinairement enterrés en grande partie dans leur matrice, de manière qu'on ne peut voir bien distinctement qu'une portion de leur partie supérieure, et qu'il n'est pas possible de prononcer avec certitude, si cette coquille se rapporte à la classe des bivalves, ou à celle des univalves : je penche pourtant à la ranger dans cette dernière, et suis fort porté à croire qu'elle est d'une famille voisine de celle de la patelle. Son sommet qui s'élève sur la coquille comme celui du cabochon et du bonnet chinois, mais bien davantage, est recourbé vers sa pointe, ce qui lui donne quelque resemblance avec un bonnet de nuit, ou plutôt avec cette espèce de coëffure, que l'on rencontre fréquemment sur les monumens de l'antiquité, qui était celle des peuples de la Phrygie, et qu'on a appelée bonnet Phrygien.

Les univalves que j'ai pu observer, se bornent à quelques strombites, età quelques cochlites, dont je n'ai vu que des noyaux. On y trouve aussi un grand nombre de petits corps semblables à des noyaux de turbinites, et que j'avais d'abord pris pour tels, mais que je reconnus par la suite en les examinant plus attentivement, être des tuyaux de mer ou petite espèce de *Serpules turbiniformes.* Ce sont comme plusieurs turbinites, des têts composés de cinq spires, qui vont toujours en diminuant de grosseur, mais sans columelle et sans enveloppe, formant des tuyaux cilindriques minces et creux.

J'ai découvert aussi dans les mêmes fragmens de cette brèche, un grand nombre de strombites d'une petitesse extrême, et de trois à quatre lignes seulement de longueur, parfaitement coniques, composés de six spires, mais tellement comprimées et plates, qu'on ne les distingue qu' avec quelque attention et avec le secours d'une loupe.

L'abbé *Stütz Mineral. Taschenb.* pag. 54. dit qu'il a aussi trouvé dans ces carrières des ammonites striées, des griphites, le *Cardium rusticum*, une tellinne, peut-être ajoute-t-il *l'albida*, la *Venus undulata*, la *Voluta vulpecula*, une *Arche de Noë* à lui inconnue, *des Helices*; mais il paroit, que c'est dans les carrières supérieures de cette colline qu'il doit avoir trouvé ces espèces, puisque c'est dit-il, dans la pierre sabloneuse marneuse, qui n'appartient proprement qu'à cette partie des collines. Il parle aussi d'un banc de moules qui est presque l'inférieur dit-il, et que je n'ai pu voir. Au reste cet auteur qui était de ce pays, qui y demeurait constamment, à pu voir bien des choses qui peuvent échapper à un étranger.

A une lieue et demie au Nord-Ouest de Vienne, sur le chemin de *Herrnals* à *Dornbach*, sont d'autres hauteurs et des côteaux de même nature absolument que celles que je viens de décrire, et qui comme elles, sont toutes remplies de pétrifications intéressantes ; aussi je n'en fais mention, que parceque je n'en avais point vu de pareilles dans les carrières des soi-disant retranchemens turcs. j'y ai trouvé une grande ostracite, qui peut avoir jusqu'à un pied de longueur, une grande quantité de vermiculites et de tuyaux de mer, soit adhérents aux coquilles en dehors ou en dedans de leurs valves, soit répandus dans la masse même de la brèche coquillière, et dont les uns sont gros et repliés sur eux-mêmes comme des serpens, et les autres minces et de formes bizarres, ressemblants à des boyaux ou des intestins, ou contournés en spirales comme de longues vis ; de très-jolis rétéporites à tissu réticulé très-fin; des escares composées de croûtes raboteuses, ondées, irrégulierement disposées, et laissant entre elles des pores également irréguliers et de diverses grandeurs.

On a aussi trouvé dans ces brèches des nids d'un très-joli spath calcaire, partie incolore, partie jauni par l'oxide de fer, rayonné, à rayons divergens, quelquefois étoilé, et ces rayons et ces étoiles, sont composés de cristaux prismatiques tétraèdres quelquefois très-comprimés. Ce beau spath, ressemble beaucoup à celui de la *Daourie*, que *Patrin* à décrit et figuré Tom III. pag. 163. fig. 1. de ses *élémens de minéralogie et géologie.*

Il conste d'après les faits énoncés ci-dessus, que ces collines offrent deux formations distinctes du même genre, c'est-à-dire des dépots de brèches et de sables, mais dont les uns sont plus jeunes que les autres. Il parait assez évident, que leur moitié supérieure, est d'une formation plus nouvelle que l'inférieure, puis qu'elle n'offre encore que des sables et des graviers plus ou moins durçis, ou des brèches plus ou moins tendres, tandis qu'à de plus grandes profondeurs, ce sont déjà des brèches à ciment presque entièrement calcaire, et des dépots coquilliers de pierre fort dure.

C'est sans doute aussi un phénomène qui mérite qu'on y fasse attention, que tandis que les plaines environnantes ne font voir nul vestige de dépots des eaux douces, on en trouve au contraire une couche assez considérable (No. 3 des carrières supérieures), entre celles de dépots marins de ces collines, ce qui démontre bien la grande jeunesse de leurs plus nouvelles formations, et caractérise une époque singuliére à la vérité, et qui a déjà été reconnue dans plusieurs endroits de l'Europe, en France par *Cuvier* et *Brongniart*, en Angleterre par *Buckland*, et dernièremant par *moi* en Russie, comme je le ferai voir dans un grand ouvrage que je me propose de publier sur cet empire, où les eaux douces commençaient non seulement à paroitre sur la surface du globe, mais à former même des espèces de mers, ou des lacs succédant à des masses d'eaux salées, ou remplacées de nouveau par elles, et cette circonstance frappante propre à toutes ces hauteurs, puisque ces hauteurs sont de même nature et se ressemblent parfaitement toutes, jointe à leurs formes extérieures, faisant voir selon l'abbé *Stütz : Mineral. Taschenb.* pag. 57, et selon mes propres observations, des ondulations singulières, produisant tour à tour des éminences ou des saillies arrondies, et des enfoncemens profonds comme en présentent les ondes d'une mer agitée, cette cironstance dis je jointe à leurs formes, m'engage à penser, qu'elles ne constituaient jadis qu'une chaine continue, travaillée, excavée et rompue par les dernières mers qui les ont recouvertes, et du séjour desquelles, leurs premières couches de dépots présentent des vestiges indubitables; mers, qui ensuite d'un état d'agitation violent et long, dont les causes nous échappent et nous échapperont toujours, se sont retirées, abaissées, et ont séjourné depuis plus calmes et plus tranquilles et longtems encore à des niveaux moins elevés, et ont laissé après elles, ces autres dépots si riches en belles coquilles et autres productions de la mer, que nous retrouvons encore dans les couches de ces plaines; car de penser comme l'abbé *Stütz* page citée de son ouvrage, que les enfoncemens de ces collines sont dus à des éboulemens des carrières, et les éminences, aux déblais des exploitations, je n'y vois aucun fondement: Ces collines n'ont pas toutes été exploitées ni partout, et cette cause est assurément bien foible pour un phénomène aussi général et d'une aussi grande étendue.

Et si l'on réfléchit sérieusement, à tous les faits que viennent de nous présenter les vastes plaines et les collines de la basse Autriche, il faudra nécessairement convenir ce me semble, que c'est à tort, que les naturalistes ont nommé ces terrains de graviers semés de cailloux, et sabloneux, *terreins d'alluvion*, qui certainement étaient les derniers lits des mers les plus basses dont l'histoire de la terre nous ait transmis des monumens géognostiques irrécusables, et qui à partir des bords de celles existantes encore de nos jours, se sont tellement étendus dans l'intérieur des continents, qu'on pourrait peut-être aujourd'hui même ressaisir avec un peu de soin, les anciennes limites de leurs bords avec leurs sinuosités, leurs anciens caps et leurs anciens golfes (voyez *mon coup d'oeil géognostique etc. pag.* 46. §. 47.): C'est donc à tort; dis-je qu'on les a nommés ainsi, et les a attribués aux alluvions des fleuves et des rivières; on peut même présumer avec ondement, qu'à quelques exceptions locales près, les véritables terrains d'alluvion, nécessairement caractérisés par des dépots des eaux douces, sont les plus rares, tandis que ceux qui offrent des vestiges de dépots considérables des dépouilles d'animaux habitans des mers sont beaucoup plus communs; et cet ordre de choses, n'est pas seulement propre à l'Europe, mais appartient aussi aux autres parties de l'ancien continent, comme nous l'apprend *Pallas* dans ses voyages en Russie, où nous lisons, que toute la steppe sabloneuse qu'arrose *l'Irtisch*, abonde en tellinnes marines fossiles. Ces corps qui ne sont ordinairement que calcinés et ne le sont même pas toujours, sont encore si bien conservés même les plus fragiles et les plus délicats, comme nous l'avons vu aux environs de (*Bade* pag. 3), que l'on dirait que les eaux qui les ont déposées, viennent seulement de se retirer et de les abondonner à la terre nouvelle qu'elles ont laissées après elles. D'où il résulte, qu'on pourrait à bien plus juste titre donner à ces sables et ces graviers d'une étendue immense, le nom de *derniers dépots des dernières mers de l'intérieur des continents.*

Dans des gorges étroites entre les hauteurs dont je viens de parler, et à un quart de lieue d'un village nommé *Waehring*, où j'ai passé pour me rendre aux carrières les plus basses ou les plus profondes des prétendus retranchemens Turcs, j'ai fait une découverte, qui n'avait pas été soupçonnée avant moi: j'y ai observé un petit banc de craye de cinq pouces d'épaisseur, prolongement sans doute de ceux que nous avons vu plus haut se trouver dans les carrières que j'ai décrites No. 1 présentant une saillie dans le terrain ébonlé, et qui semble se diriger du Sud-Est au Nord-Ouest, puisqu'en tournant le chemin je l'ai tout à fait perdu de vue. Ce banc offre les particularités suivantes. il est composé de couches de deux pouces et même moins d'épaisseur, dont le milieu est souvent d'un jaune fauve, rempli de fissures verticales, orné de petites herborisations noires, et comme renfermé entre deux lisières blanches. Cette craye est tendre et quelquefois friable surtout quand elle a été exposée à l'air, et quand on en met un morceau sur la langue, on lui reconnait un goût très-prononcé de sel marin, qui ne laisse aucun doute sur la présence de ce sel dans ce fossile, qui cependant y parait répandu d'une manière inégale, car il y a des endroits où cette saveur se fait sentir fortement, d'autres où elle est moins sensible, et d'autres enfin où on ne la retrouve plus, ce qui néanmoins n'empêche pas je pense, qu'on ne puisse considérer cette craye comme une mine de sel commun, et la traiter comme telle, si le petit banc qu'elle constitue avait de la tenue en puissance et en étendue, et il est très possible même, qu'on y rencontre des sources salées, qui en passant sur de semblables couches, se seront chargées de saumure plus ou moins richement.

Ces vestiges de sel marin, reparoissent encore de nouveau à *Nussdorf*, où le directeur d'une fabrique de vitriol, a trouvé dans les couches des hauteurs près de ce village les plus voisines de leur surface, immédiatement sous la terre végétale, dans un sable à ciment marneux durci qui se rattache à un terrain de gravier et de cailloux roulés, comme ceux que nous avons déjà observés plus haut, des nids singuliers d'espèces de géodes d'une pierre également marneuse peu dure, ou plutôt marne durcie, que le directeur de cette fabrique avait donnée au professeur *John* pour un strontianite : elles sont irrégulièrement sphériques, de diverses grosseurs, quelquefois ayant six pouces de plus grand diamètre, et environ quatre de plus petit comme une de celles que je possède, d'un aspect tout-à-fait terreux, d'un blanc un peu jaunâtre, le plus souvent creuses, et coupées de nombre de fissures se croisant à angles droits, qui retracent les divisions d'un Ludus helmontii remplies par des veines de spath, et au fond desquelles des fragmens romboïdaux se sont détachés et sont mobiles. Elles sont revêtues intérieurement d'une substance pulvérulente noire ou d'un brun foncé, semée elle-même de quelques efflorescences blanches, qui raclée avec un couteau, et soumise à l'action du chalumeau, prend une jolie teinte aurore, qu'elle communique au papier que l'on en frotte, et avec addition de borax, en colore le verre comme le manganése. Ces géodes sont assez pesantes, et c'est sans doute ce qui aura fait croire qu'elles contiennent du strontiane, mais j'ai reconnu avec une vive surprise, que comme les couches de craye de *Waehring*, elles sont trés-riches en muriate de soude, manifestent sur la langue une saveur trés-salée, s'effleurissent à leurs surfaces à l'air, et se recouvrent d'une poussière blanche, douée de la même saveur développée encore plus fortement et qui s'attache aux doigts. L'eau extrait les parties dissolubles de ce fossile, et laisse après l'évaporation une croute saline, qui a encore un goût de sel marin avec un arrière-goût métallique, ce qui semble indiquer que le muriate de soude s'y trouve est combiné avec une substance métallique, que l'on peut encore présumer être du manganése.

Un autre fait bien digne d'attention, c'est que la couche de sable durci à ciment marneux qui renferme ces espéces de géodes, est évidemment un dépot des eaux douces, puisque j'y ai trouvé des planorbis calcinés. Les géodes elles-mêmes en renferment mais de plus grands, dont je n'ai vu que l'empreinte, et qui ne paroissent se rattacher à aucune des espéces que nous connaissons : le têt très-mince, très-fragile, et ordinairement brisé et très-endommagé, est orné de côtes saillantes comme certaines cornes d'Ammon.

Au reste on ne peut guère croire, que ces géodes marneuses ayant leur gissement avec des cailloux très-durs, aient la même origine qu'eux, et puissent être aussi considérés comme des cailloux apportés de loin; mais je présume que ce sont des espèces de concrétions, produites par des eaux qui comme je l'ai dit, auront passé sur des couches déjà chargées de sel, auront entrainé avec elles des coquilles, et les auront déposées au sein de ces géodes mêmes.

Quelque extraordinaire que puisse paroitre l'existence d'une formation de sel marin au sein de ces couches de dépots si jeunes, selon les principes du célébre *Werner* et de son école, et selon les observations d'*Ebel* (*Ueber den Bau der Erde.*), et après lui de *Bernoulli*, (*Taschenbuch für die schweizerische Mineralogie*), qui ont constamment observés cette formation dans les alpes, dans les montagnes de transition les plus jeunes, il n'en est pas moins vrai à ce qu'il paroit que cette même formation semble se retrouver cependant aussi au sein des dépots beaucoup moins âgés : les mines de sel des deserts de la Sibérie par exemple, paroissent se rattacher à ce singulier ordre des choses, et j'ai vu un morceau bien remarquable au Musée Impérial de Vienne, qui annonce une formation de sel subordonée à celle du charbon minéral, ou peut-être de ce dernier à celle du sel, ce que l'on ne peut décider sur l'examen d'un seul exemplaire; mais ce qu'il y a de certain, c'est que cet intéressant morceau, présente deux couches bien distinctes, courant parallélement: l'une de sel gemme blanc grisâtre, et l'autre de charbon minéral qui appartient à l'espèce du lignite, *Braunkohle* des allemands! et ces deux couches, ont environ un pouce d'épaisseur chacune.

Les différentes formations plus ou moins nouvelles des collines et des plaines environaantes, qui nous ont occupées jusqu'à ce moment, sont enceintes et bordées, comme on l'a vu en son lieu, de montagnes se rattachant toutes à la chaîne Cettiene ou des monts Cettiens, *Mons cettius* des anciens, bornant la *Pannonie* de ce côté. Les plus hautes, atteignent à vue d'ocil trois à quatre cents toises, et sont comme des parties avancées, ou si l'on peut se servir de l'excellente expression allemande de *Vorgebirge* en la traduisant en français, comme des promontoires des alpes de la *Styrie*, dont le fameux *Schnéeberg* d'Autriche semble être un bras, qui s'elevant tout à coup comme un géant, d'au moins 1033 toises au dessus du niveau des mers, constitue déjà sans contredit une des formations de transitions de ce pays des plus anciennes, puisqu'elle ne renferme presque pas de pétrifications, quoique entièrement calcaire selon l'abbé *Stütz* et *Schultes*, et paroît déjà s'adosser aux formations primitives de la Styrie.

On aborde de tout côté ces montagnes très-près et déjà à la distance d'une jusqu'à quatre lieues de Vienne, où elles forment plusieurs vallées plus on moins longues et larges, qui ressemblent assez aux vallées les plus agréables de la Suisse, aux embouchures desquelles se trouvent plusieures villes et villages bien bâtis, ou les habitans de la capitale vont dans la belle saison se divertir, tels que *Nussdorf, Heiligenstadt, Dornbach, Klosterneuburg*, ect. ect., et dont les ouvertures regardent toutes la plaine. C'est à ces ouvertures des vallées de cette chaîne, que commence la vaste formation de dépots de graviers et de sables de la basse Autriche, antique bassin d'une ancienne mer méditerranée, comme je l'ai démontré dans le cours de cet ouvrage, s'adossant immédiatement contre les montagnes, comme on peut l'observer très-bien à *Nussdorf* par exemple, où on les voit s'appuyer distinctement au *Léopoldsberg*.

Mais si ces vallées contribuent à rendre ces contrées charmantes, elles rendent d'un autre côté le séjour de Vienne et de ses environs souvent presque insoutenable; car elles forment en quelque sorte des tuyaux à vents se trouvant dans la direction de ceux qui viennent des montagnes, et qui s'engoufrant dans leur sein, y acquièrent une rapidité et une force épouvantables, et viennent fondre sur la plaine qu'elles balayent avec violence, et dont elles élèvent dans l'air des tourbillons d'une poussière très-incommode, et quand ils rencontrent sur leur route de ces amas de nuages qui s'acumulent ordinairement au dessus des grandes élevations, les poussent, les chassent jusque dans le plat pays, où ces nuages viennent tomber en torrens de pluie, d'où il résulte, que le climat de cette partie de la basse Autriche, se distingue par des vents effroyables et par des tems fréquemment pluvieux.

Ces montagnes très-remarquables par leur nature et leur composition que je vais incessament faire connoître, le sont encore par nombre de sites charmans et pittoresques, offrant en été des promenades délicieuses et des points de vue dignes du pinceau

des plus célébres paysagistes qui cependant ne reveillent point à ce qu'il paroît le génie des artistes de ce pays, puisque à un petit nombre de tableaux près d'un habile artiste allemand cité par *Schultes* dans son voyage au *Schneeberg*, et de *Duvivier* peintre français établi depuis long-tems à Vienne et digne élève du célèbre *Casanova*, nous n'avons rien dans ce genre, qui nous retrace les beautés de ces agréables contrées. *)
Je ne citerai ici que le *Galitzinberg*, le *Kahlenberg*, le *Léopoldsberg* pour des aspects en grand, dominant la plaine, les hauteurs, les villes, les villages, et le cours du Danube; et ce qu'on nomme la *Briel*, et surtout les hauteurs au dessus du joli village de *Dornbach*, pour des sites plus agrestes, ou plus rians, ou plus sauvages, rafraichis par des bouquets d'arbres et de bois recouvrant les sommets les moins élevés et les pentes les moins rapides s'arrêtant au bord de quelque précipice, ou s'abaissant jusque dans la plaine, et entrecoupés de quelque saillie de roc ou quelque grand pan de mur d'une carriére, et embellis par une verdure semée de fleurs, dont les couleurs douces ou vives tour-à-tour, relèvent encore la beauté de ce vert tapis.

Un fait digne d'attention, et qui ce me semble n'avait pas encore été remarqué, c'est que la plupart de ces montagnes sont aplaties à leurs sommets, et y forment de vastes plateaux, qui avant que leur continuité eût été rompue par les énormes courans, qui se sont précipités de toute part le long de leurs pentes dans des abimes effroyables, étaient sans doute réunis, et constituaient à un même niveau à cette grande hauteur, une plaine aussi spacieuse et plus spacieuse même peut-être, que celles très-basses qui prennent naissance aujourd'hui à leur pied.

Elles sont en général recouvertes de terre végétale et de végétaux, de sorte qu'on ne peut bien reconnoître les couches dont elles se composent qu'en visitant les carrières de pierres ouvertes dans leur sein. Il en est plusieurs remarquables que je vais décrire à *Dornbach*, village à environ deux lieues de Vienne dont j'ai déjà parlé, et qui peuvent donner une idée de toutes les autres, car à quelques variations près, leur intérieur est partout le même.

---

*) Depuis, que cet ouvrage a été écrit, on expose sur la place nommée, *Graben* de jolies vues de la vallée de *Sainte Héléne* d'un certain *Schlotterbeck*, aux quelles on pourrait désirer l'exactitude de celles de *Duvivier* sans parler de la supériorité du talent de ce dernier.

Carrières de Dornbach au dessus de l'auberge du cerf brun.

De trois de ces carrières situées sur la montagne, celle que je visitai la première appartient à l'aubergiste du cerf brun. Elle est peu profonde, et composée de couches de trois à quatre pieds d'épaisseur, inclinées du Sud-Ouest au Nord-Est. Ces couches sont composées dans la partie inférieure de la carrière d'une pierre calcaire marneuse compacte, quelquefois schisteuse, et dans ce cas, rarement mêlée de mica, passant dans la partie supérieure des exploitations à l'état de pierre sabloneuse jaune. Les couches les plus profondes, font voir une pierre compacte d'un aspect terreux, et souvent aussi esquilleuse dans les fractures, et en général, assez semblable au calcaire des alpes. Elle offre une particularité remarquable et singulière inconnue auparavant aux ouvriers même de la carrière, et que le Professeur *John* qui m'accompagnait, découvrit par hazard, c'est que quoiqu'elle ne présente pas à la vue la moindre trace d'une texture feuillée, elle se délite néanmoins assez facilement, étant frappée avec un marteau, en feuillets d'une à treize lignes d'épaisseur perpendiculairement aux plans de ses couches, et ces feuillets sont constamment recouverts d'une écorce superficielle ferrugineuse, jaune mêlée de brun et de noir, et ornés de dessins roux ou noirs, le plus souvent irréguliers, mais assez souvent aussi offrant à la vue les plus charmantes dendrites qu'on puisse voir, représentant ordinairement assez nettement de très-jolis paysages, des rochers, des chaines de montagnes couvertes de bois etc. etc. mais malheureusement superficielles.

En s'élevant plus haut, on trouve deux autres carrières également l'une au dessus de l'autre, dont la pierre est encore une pierre à chaux grisse compacte, qui dans la plus basse des deux, se délite encore comme celle dont je viens de parler, mais n'offre que des vestiges d'écorce jaune et de dendrites, tandis que dans celle d'en haut, cette même pierre n'est plus susceptibles de se fendre en feuillets. Entre les joints de ces couches, on trouve une espèce de lait de lune *lac lunae* grossier.

Ces couches marneuses très-calcaires, reposent indubitablement sur les couches inférieures de la montagne, et au pied de celle-ci que je vais maintenant décrire.

Carrière au pied de la montagne, presque au bout du village du côté de Vienne, au fond de la cour d'une maison d'un habitant de cet endroit.

Celle-ci est très-belle et très-spacieuse. Le rocher exploité dans toute sa hauteur, peut avoir une trentaine de pieds dans cette dimension, et se présente sous la forme imposante de feuillets verticaux plus ou moins épais, dont on extrait des blocs au moyen de la poudre à canon, et qui se délitent en masses plus au moins considérables, quelquefois très-puissantes et irrégulières à cause de l'adhérence des parties de la pierre qui est schisteuse, et se compose elle-même de feuillets très-minces, dans le sens desquels elle se divise souvent facilement, surtout à l'extérieur quand ils ont éprouvé une sorte de décomposition, qui se manifeste par l'écorce ocreuse dont ils se recouvrent.

Ces gros feuillets verticaux du rocher ont lorsqu'ils sont bien prononcés jusqu'à quatre pieds d'épaisseur, et présentent l'aspect extraordinaire de formes très-bizarres: ils sont ondés et singulièrement contournés sur eux-mêmes dans plusieurs endroits, comme certaines roches des plus anciennes telles que des granits veinés, des gneuss, des mica-schistes, et font voir sur toute leur hauteur un tas d'énormes noeuds, assez semblables aux noeuds et aux excroissances sinueuses, qu'on remarque sur les vieux troncs de certains arbres. Ils sont dans la partie inférieure de la carière fendus, remplis de larges fissures fort inclinées et sans parallélisme, qui semblent être les effets d'un affaissement produit par la pression des couches supérieures, dont l'inclinaison que nous avons observée plus haut, est due sans doute au redressement des couches inférieures, qui les ont soulevées aussi par ce mouvement violent, dont je chercherai autant que possible de rendre raison plus loin.

La pierre de ce rocher, n'est plus celle que nous avons observée dans les hauteurs de la montagne, mais un grès schisteux très-fin, d'un aspect terreux, d'un gris cendré-bleuâtre ou verdâtre, douée souvent d'un éclat argentin aux surfaces de ses feuillets, à cause de la grande abondance de mica dont elles sont recouvertes, alternant quelquefois avec un schiste d'un gris bleuâtre peu mêlé de mica, marneux et très-argileux, puisqu'il fait une faible effervescence avec l'acide acétique, ainsi que le grès de cette carrière dont le ciment ou gluten est de même nature.

Dans nombre d'endroits, on observe entre les feuillets de ce grès schisteux, des veines minces de charbon minéral courant parallélement à ceux-ci, et dont l'épaisseur variable, est depuis celle d'une feuille de carton bien mince, jusqu'à celle de quatre, cinq et six lignes. Il est rarement sans éclat et d'un oeil mât, plus souvent luisant comme la poix, et même doué d'un éclat assez semblable à celui d'une scorie vitreuse, et se rapporte par conséquent à l'espèce de la houille piciforme de *Brongniart Traité élém. de Minéralog. T. II. Not. 2 de la page* 5. Pechkohle de *Werner*, passant à l'état de houille éclatante de *Brongniart*, endroit cité, Glanzkohle de *Werner*. Les surfaces des veines communément de peu d'étendue qu'il forme, sont souvent comme enduites de mica, ou d'une écorce superficielle terreuse d'un blanc tirant fort sur le gris. Il brûle avec vivacité déjà à la chandelle, avec une flamme jaunâtre, et laisse après l'ustion une espèce de charbon ou de scorie comme beaucoup de houilles: il est aussi des endroits, où il fait voir tous les caractères d'un lignite tenant même encóre beaucoup du charbon de bois ; il en a la texture, la. couleur, l'espèce de luisant, et tache de même les doigts, ce qui dénote évidemment l'origine végétale de ce combustible minéral dans ce pays.

Les feuillets du grès schisteux, sont d'autrefois recouverts d'une autre écorce superficielle comme d'un enduit, ou d'une couche d'une demi-ligne tout au plus d'épaisseur, d'un schiste noir bitumineux et luisant à ses surfaces comme la houille, mais d'un oeil terreux intérieurement, et qui se retrouve aussi dans l'intérieur de cette pierre, sous forme de glandes de la grosseur d'une noix, et même d'une pomme.

Lorsque je visitai cette belle carrière il y a environ dix ans, je vis souvent dans la même pierre qui renferme les veines de houille que je viens de décrire, les surfaces supérieures de ses feuillets au pied de la montagne, recouvertes d'espèces de carpolites singulières, dont dix ans plus tard et à l'époque où j'écris, je ne retrouvai plus nul vestige, et qui ne s'étaient rencontrés que dans un petit nombre de couches de la profondeur, que l'exploitation avait détruites : c'était une quantité de petites plaques noires, toutes encore de la nature du charbon minéral et du lignite que je viens de décrire, qui au premier coup d'oeil, semblaient des taches plus ou moins rondes, presque informes, mais qui examinées de près, présentaient des traces d'une organisation indubitable, et paroissaient formées de couches concentriques ; mais on retrouvait ces mêmes petits corps bien mieux conservés, et à l'état de pétrification de la même nature que celle du grès schisteux, sur d'autres feuillets de celui ci ne renfermant point de houille, également ronds, de même grandeur, teints en jaune par l'oxide de fer, offrant absolument la forme de petits mamelons d'environ quatre lignes de diamètre, demi-sphériques, un peu aplatis, ayant à leur centre une protubérance semblable à un très-petit bouton, et distinctement composés de bandes ou couches concentriques.

D'autrefois on ne voyait que les empreintes de ces mêmes corps, et sans doute celles de leur partie inférieure toujours enfoncées dans leur matrice, présentant un petit creux circulaire, ce qui prouve qu'ils étaient convexes en dessous comme en dessus, et que la forme de la petite masse entière, devait être celle d'une lentille assez mince (*Voyez le dessin que j'en ai fait tirer Fig.* 19. *de cet ouvrage.*) Leur gissement, et souvent leur conversion en une substance encore semblable au charbon de bois, ne peut laisser aucun doute qu'ils n'aient appartenu au règne végétal, et ne soient des semences ou des fruits d'une plante ou d'un arbre peut-être étranger à nos climats, et peut-être à celui dont on rencontre dans ces mêmes carrières la belle pétrification encore inconnue, que j'y découvris il y a aussi dix ans.

Cette pétrification est évidemment celle de gros troncs d'arbres, qui ont passé à l'état d'un fossile très-singulier, auquel je n'ai pas cru pouvoir donner un nom plus convenable que celui de *Lythoxilon combustible*, puisque c'est un bois pétrifié et bitumineux en même tems, que les ouvriers trouvent fréquemment æn forme de nids, logés entre les feuillets verticaux des couches de la carrière.

A la fin d'avril 1820 où je fus de nouveau visiter cette carrière, je trouvai encore quatre superbes portions de ces troncs d'une conservation parfaite que je fis transporte chez moi, ayant tous à peu près dix-sept pouces de plus grand diamètre, et huit à neuf de plus petit : leur grandeur est variable, le plus gros, peut avoir environ seize pouces de hauteur, et les autres, sept et neuf. Ils sont tous d'une pesanteur considérable, et à peu près de vingt-cinq, de trente, de quarante, de cinquante, et jusqu'à cent livres.

Ils sont remplis de fissures transversales et quelquefois dans d'autre sens, dans lesquelles se sont constamment logées des veines de spath calcaire tantôt très-minces tantôt assez épaisses, et ce spath lorsqu'il est pur et point mêlé d'oxide de fer jaune, est blanc, d'un oeil nacré, translucide, souvent plus ou moins fibreux, et souvent aussi chatoyant ou opalisant, et réfléchissant au jour les plus belles couleurs comme le labrador, et il paraît que c'est surtout dans les endroits où il est le plus pénétré de bitume, qu'il produit ce bel effet; il est à croire, que ces troncs se brisent et se divisent toujours dans le sens de ces fissures et de ces veines, et que c'est pourquoi ils ne se rencontrent plus entiers de nos jours, comme ils l'étaient sans doute avant leur pétrification.

D'après les informations que j'ai prises, il semble qu'ils se trouvent toujours droits et jamais couchés horizontalement et que ce phénoméne, se range dans la cathégorie de ceux dont *Nöggerath* a reoueilli tant d'exemples. *Ueber aufrecht im Gebirgstein eingeschlossene Fossilien, Baumstämme und andere Vegetabilien.*

La négligence des ouvriers, qui font sauter sans doute ces beaux fragmens avec les bancs de rocher qui les renferme au moyen de la poudre à canon, et les jettent ensuite au rebut sans en connoître le prix, est cause certainement qu'on ne peut avoir de notions sur la quantité de ces fragmens posés bout-à-bout ou très-voisins les uns des autres dans leur gissement, et par conséquent sur la hauteur totale, ou sur toutes les dimensions d'un tronc entier, ou d'une portion de tronc; ce qu'il y a de certain, c'est que l'on reconnait très-bien encore que ces fragmens faisaient partie d'une même masse, et j'en possède deux ou trois, que l'on peut encore poser bout-à-bout les uns sur les autres, et qui à juger par leur grosseur, se rattachaient à un arbre d'une grandeur assez considérable.

Les restes très-évidents d'écorce composée d'écailles imbriquées que l'on trouve souvent à la surface de ces troncs, et qui les enveloppe même encore entièrement, joints à leur structure intérieure, doivent ce semble les faire considérer comme des portions d'arbres qui se rapportent à la famille des palmiers; leur extérieur présente d'abord au premier aspect une masse très-compacte, qui observée avec plus de soin, et surtout avec le secours d'une loupe, se trouve être composée de fibres très-serrées, ou plutôt d'une infinité de ces tubes très-fins ou capillaires, qui dans les palmiers renferment le suc dont on fait le vin de palmier, et qui sont souvent convertis en charbon minéral, ou aussi en spath calcaire blanc ou grisâtre, qui forment alors un tas de minces veines blanches, dans ce fossile, et qui aux extrémités de fragmens ou des troncs eux-mêmes, font voir leurs bouts sous forme d'une infinité de très-petites taches rondes, ou de points extrèmement petits et rapprochés noirs, ou blancs, ou d'un jaune d'or quand ces fibres creuses sont remplies de pyrite sulfureuse, ce qui n'est pas rare: c'est surtout quand cette pierre est polie, (et elle prend un poli très-beau et semblable à celui du jaspe, quand elle est pure et non trop mêlée de bitume, car alors elle en prend un faible et mât), que l'on distingue bien tous ces détails d'un effet très-agréable; j'en ai fait polir un gros morceau taillé en cube, et une plaque où on les retrouve tous.

Les cassures de ce fossile sont irrégulières à cause de l'hétérogénéité de ses parties, cependant les transversales plus ou moins planes, et les longitudinales un peu schisteuses, les fragmens sont toujours anguleux. Son aspect est terreux et mât intérieurement comme celui d'un jaspe, quand ce beau fossile noir est pur, mais il a tout à fait l'eclat et le luisant de la houille, dans les endroits où il a passé entièrement à l'état de celle-ci, ce qui a eu lieu souvent; fréquemment il offre même dans de petits fragmens, le mélange de la substance compacte et dure, et du charbon minéral, qui eu forme aussi toujours l'écorce écailleuse dont j'ai fait mention plus haut, lorsqu'elle est bien conservée, et quoique ce bitume doive ici évidemment son origine au règne végétal comme la pétrification dont il fait partie, ce n'est jamais un lignite comme les autres houilles qui en ont une semblable, mais une véritable houille éclatante *Glanzkohle*, souvent plus ou moins schisteuse. Cependant certaines portions de cette écorce font voir plus rarement le luisant et l'éclat du graphite, qui laisse de même sur le papier une trace semblable à celle du crayon, mais plus brune, et ne devenant luisante qu'à force de la réitérer. Que ce fossile contienne ou non de la houille, il est toujours très-bitumineux par lui-même, mais les parties, qui en contiennent ne sont que peu ou point susceptibles du poli, il y en a des masses assez considérables qui en offrent assez peu, pour que ce charmant bois pétrifié et bitumineux, puisse être employé avec succès dans les arts, à en faire de beaux bijoux, tels que boites à tabac, girandoles même, et autres.

Il est très-digne de remarque encore qu'il est des endroits de ses surfaces où l'on retrouve la substance ligneuse, qui paroît même avoir conservé sa couleur: elle est d'un jaune fauve pâle, et brûle facilement à la flamme d'une chandelle avec une flamme vive comme une esquille de bois sec, et laisse un résidu ou une cendre rouge ferrugineuse.

J'ai nommé ce fossile *Lythoxilon combustible*, parce qu'étant souvent mêlé comme nous l'avons vu de charbon minéral, il brûle souvent très-facilement. Si l'on en met un fragment sur des charbons ardens qu'il faut avoir soin d'attiser en soufflant dessus, le premier degré de chaleur développe à sa surface une huile liquide noire, visqueuse, semblable à de la poix fondue, ensuite il s'allume sans fumée sensible, et brûle avec une flamme d'abord vive, blanche et claire, et ensuite bleue en devenant plus petite, et exhale une odeur assez agréable, et assez semblable à celle de ces pastilles dont on parfume les chambres: après l'ustion, les surfaces du fragment sont parsemées d'une quantité de goutes creuses, luisantes, d'un noir de fer, qui sont une espèce de charbon pur fragile et friable.

Une parcelle de ce *Lythoxilon* soumise à l'action du chalumeau, a prise une teinte grise et a coulée sensiblement; ses angles se sont arrondis, et ses surfaces vues à la loupe, étaient remplies de pores petits et fins comme des piquures des mouches, au fond desquels on voyait des points brillants qui semblaient des lames vitreuses, ce qui prouve que se fossile est fusible à un certain point: il parait aussi qu'il ne contient point de fer, quoique la chymie en ait démontré la présence dans tous les jaspes, d'où il résulte, que le *Lythoxilon combustible* n'en est point un, mais est assurément un fossile particulier, qui demande à être soumis à l'analyse chymique, que peut-être le Professeur *John* à qui j'ai donné un fragment de tronc entier, nous donnera un jour.

Je donne à la fin de cet ouvrage les dessins de trois morceaux de *Lythoxilon combustible* intéressans que je possède, l'un fig. 20; est un de ces fragmens entiers de troncs dont j'ai parlé, arrondi à une de ses extrémités à peu près comme une tête de chou, et qui paroit en effet être l'extrémité supérieure arrondie d'un palmier qu'on appelle *le choux du palmier*, et que l'on mange dans le pays natal de ces arbres. La fig. 21. présente encore un de ces fragmens entiers de ces troncs, mais tronqué aux deux bouts, et évidemment portion d'un arbre séparé du reste de celui-ci, et d'une partie quelconque de sa longueur. Ils ont évidemment été déformés par la pression de la matière ambiante de la roche qui les a enveloppés et les a toujours comprimés sur trois points, de manière à produire une espèce de prisme grossier à trois faces convexes, à moins que cette forme bizarre n'ait été celle de cette espèce de palmier même, toujours paroit-il certain, qu'il y a eu une pression très-forte et qui n'était pas uniforme sans doute, et qui a occasioné des bosses, des espèces de crevasses, et même de singuliers enfoncemens ronds dans ces fragmens de troncs, qui ce me semble ne devaient être dans l'origine ni dans la position ni à la hauteur où on les rencontre aujourd'hui, et n'auront été séparés de l'arbre et enlevés ainsi, qu'à l'époque du redressement violent des couches au sein desquelles ils ont leur gissement, et qui auparavant étaient sans doute horizontales, et enveloppaient des arbres entiers couchés horizontalement. L'on conçoit en effet sans peine que des couches d'abord horizontales. A. (Voyez la fig. 23.) venant, à se redresser en B. la force puissante a) qui produisait la pression des inférieures b) sur les supérieures c) succédant arlors à celle des dernières sur les premières qui avait eu lieu jusques là, ces troncs d'arbres ou arbres entiers d) durent se trouver pris et serrés entre elles, et se redresser aussi avec elles, et que se trouvant soumis au jeu et à l'action de plusieurs forces combinées de diverses pressions dont j'ai fait mention, et de la pesanteur du moment que tous les centres de gravité se trouvaient déplacés, ils ont dû se déformer et se briser.

On a tâché d'exprimer dans ces dessins très-exacts réduits à la moitié de la grandeur des objets qu'ils représentent, tous les détails que j'ai fait coanoître, et que l'art du peintre a pu rendre; dans les fig. 20 et 21 les formes, l'écorce écailleuse en partie de la nature du charbon minéral et en partie encore dans son était naturel, douée encore de sa couleur jaune, et de ses écailles bien prononcées dans nombre d'endroits et enfin les veines de spath qui les traversent.

La fig. 22. de grandeur naturelle, fait voir une plaque polie de cette belle pierre, où l'on distingue les pores en partie piriteux de sa surface, qui comme je l'ai dit offrent les extrémités d'un tas de petits tubes ou vaisseaux capillaires.

Une apparition plus rare et moins intéressante dans ces rochers, dont je ne connois encore qu'un exemplaire que je posséde, est une autre pétrification de bois, entièrement changé en pierre sabloneuse ou grès semblable à celui de la carrière, et qui adhère encore au morceau qui est en mon pouvoir faisant à peine voir quelques vestiges de couches ligneuses: il offre une portion de tronc ou de tige d'arbre d'environ sept pouces de longueur, et trois de diamètre, revêtu à l'extérieur d'une écorce noire, superficielle sur laquelle se prononce çà et là la texture ligneuse, avec le luisant ou l'éclat du charbon minéral, ou plutôt du graphite, laissant une trace brune sur le papier, ne s'enflammant point au feu, mais exhalant une odeur bitumineuse, et de même nature absolument que le schiste noir dont j'ai parlé plus haut.

Cette carrière offre encore une singularité qu'on ne rencontre pas ordinairement dans de semblables formations, qu'on ne retrouve plus même à ce qu'il paroit dans toutes les autres montagnes de cette chaine qui se rattachent à celle-ci, et qui n'est cepen-

dant pas très-rare ici; ce sont des boules quelquefois grosses comme un boulet de canon d'un assez gros calibre de grès fort mêlé de mica, grossièrement schisteux; j'en
possède une un peu allongée, d'environ un pied ou un peu plus de grand diamètre et
plus de dix pouces de petit, et du poids environ de quatre-vingt livres.

L'intérieur du grès de cette carrière, fait voir aussi de petits nids d'une terre
verte, de la couleur à peu près de la turquoise, que l'on retrouve aussi dans les carrières de *Burkersdorf* dont je parlerai plus bas, et sans doute dans nombre d'autres
endroits, mais d'une teinte un peu différente et tirant sur la couleur de la pistache, qui
est une sorte de lithomarge, qui dès qu'elle sent l'humidité et plus encore dans l'eau,
se rompt d'elle-même, et se divise en fragmens anguleux, en laissant échapper des bulles d'air sans bruit. Au chalumeau, elle décrépite avec violence, pulverisée, elle devient
d'un rouge brun, puis se pelotonne un peu sans acquérir de consistance et de dureté, et
reste d'ailleurs inaltérable.

Entre les bancs et les couches, on rencontre fréquemment des veines assez épaisses de spath calcaire blanc, cubique: il se présente aussi en lames minces comme une
carte à jouer en forme d'enduit sur le grès schisteux, que l'on dirait couvert d'une
croute de glace.

Cette belle carièrre d'une étendue considérable qu'on ne saisit pas d'abord, s'enfon-
ce beaucoup dans la montagne dans une autre direction que celle le long de laquelle étaient dirigées les premières exploitations, et l'oeil de l'observateur y voit avec plaisir plus
loin une autre coupe de ses couches, où leur profil très-intéressant, qui lui donne lieu
de mieux reconnoître la structure des parties les plus basses ou les plus profondes de
ces hauteurs, composées dans leur intérieur, de bancs puissans, et de plus de six pieds
d'épaisseur de grès terreux un peu grossier, gris ou jaunâtre, alternant avec des couches
de deux pieds d'épaisseur d'une pierre bleuâtre qui n'est plus le grès schisteux micacé
que nous avons vu plus haut, mais un véritable schiste argileux, d'un bleu foncé tirant
fort sur le gris, entre lequel et le grès, se trouvent souvent aussi des couches de quelques pouces d'épaisseur d'une argile un peu marneuse, schisteuse, noire, à surfaces luisantes comme le charbon minéral, et bitumineuse, mais non-inflammable. Le schiste argileux lui-même renferme quelquefois des lits épais de quelques lignes seulement d'un
autre schiste noir d'un aspect terreux et mât, fort semblable à l'ardoise et également
bitumineux, qui a remplacé ici les minces veines de charbon minéral que l'on a fait
connoître plus haut, et qui souvent est recouvert d'une infinité de grains ou de globules presque microscopiques semblables à des taches d'un blanc de neige, et dont à cause de leur extrême petitesse, on ne peut déterminer ni la véritable forme ni la nature.
Quoique cette espèce d'ardoise, qui pourrait même fort bien servir aux mêmes usages,
offre tous les caractères extérieurs d'une pierre argileuse, il est certain qu'elle renferme
aussi un principe calcaire ou marneux, que l'acide acétique sans avoir recours aux acides minéraux y développe déjà, en produisant une effervescence sensible, et en laissant à l'endroit sur lequel a resté quelques moments la goutte, une tache plus claire que
la couleur noire tirant sur le gris de la pierre en conservant les contours, et que des lavages
réïtérés ne peuvent plus effacer, effet, qui a lieu à l'égard de toutes les pierres calcaires et
marneuses, et que les minéralogistes ne semblent pas avoir remarqué jusqu'ici, à cela
près, que tantôt la tache est plus claire, tantôt d'une teinte tout-à-fait différente.

La description que je viens de donner des montagnes près et au dessus de *Dornbach*, me dispense d'entrer dans de grands détails sur les autres parties de cette chaine, dont les formations sont évidemment toutes semblables et de même âge : partout les dépots inférieurs de grès, en offrent de subordonnées à celle ci, où le carbone abonde, et ce sont ici, des veines de charbon minéral, de schiste bitumineux, etc. etc. et ailleurs et même presque partout, des parcelles noires de lignite débris de roseaux et de parties végétales, répandues avec profusion dans la masse même du grès. Il n'y a guères de différence que dans les variétés qu'offrent ces couches et quelques accidents de localité : ainsi par exemple, tandis que des montagnes entières et même des bras entiers de cette chaîne, ne semblent pas renfermer le moindre vestige de pétrification, il en existe ailleurs sur quelques points isolés et de peu d'étendue, témoins les carpolites renfermés dans un petit nombre de couches qui n'existent plus, et le *Lythoxilon combustible* de *Dornbach*; témoins encore celles bien remarquables pour cette formation, que m'a offertes une carrière près de *Burkersdorf* village à quatre lieues de Vienne, et première station de poste sur la route de cette ville à Munic, dont les couches de schiste argileux d'un gris bleuâtre ou cendré et quelquefois jaunâtre à l'extérieur, et cela au centre de la carrière seulement à ce qu'il parait, sont remplies de plusieurs sortes de conferves, ou plutôt de fucus ou varec, les uns composés de filamens ou de feuilles tres-minces, cilindriques, présentant souvent la petite plante entière (*voyez fig.* 24 *ainsi que la Pl. V. du* 5ième *Vol. des Mém. sur les sciences et les arts de Guettard.*), et le plus souvent ses fragmens en si grand nombre qu'on les retrouve sur presque tous les feuillets d'une couche; les autres plus rares, faisant voir des feuilles plus larges comme celles des graminées, éparses ou réunies, formant une jolie plante digitée (*voyez fig.* 25, 26 et 27), végétaux qui y sont rarement sous forme d'empreintes mais bien sous celle de véritables pétrifications, souvent, surtout celles de la première espèce, sensiblement saillantes hors de leur matrice, et toutes converties en une substance brune d'un aspect terreux; et enfin d'autres encore, offrant à l'oeil, une pétrification très-singulière de même nature que le schiste, faisant voir des plantes noduleuses et de minces tiges de plantes, jetant de côté de petites branches minces et courtes ou de fins pédicules, portant un fruit gros comme un grain de poivre et même plus gros, qui le plus souvent aussi sont détachés et épars (*voyez fig.* 28 et 29), ou ne font voir que leurs empreintes. En rompant un assez gros fragment de ce schiste dans le sens de ses feuillets, dans lequel il se divise facilement en frappant avec précaution avec un marteau sur leurs tranches, j'ai découvert sur ses surfaces intérieures, la pétrification d'une autre plante, composée de feuilles minces, longues, qui vues à la loupe, semblent quelquefois composées de fibres ou de filets minces, et qui partant d'un point commun, s'étendent au loin en se tordant et s'enlaçant à la manière des conferves d'eau douce. J'en ai une plante entière dans ce schiste d'environ vingt-six lignes de plus grande largeur, et quatre pouces de longueur. La pétrification est également noire, mais les minces feuilles, sont recouvertes çà et là d'une substance terreuse, ou d'une sorte de cendre d'un gris blanchâtre, qui semble être encore un reste de cette plante sans doute une sorte d'algue, à l'état de décomposition.

La pierre calcaire du *Léopoldsberg*, n'offre que des dendrites rares, et jamais aussi belles que celles des environs de *Dornbach* : elle est quelquefois d'un gris de lin, prend à l'extérieur une jolie teinte couleur de chair, et se recouvre même d'une poussière de cette couleur, d'autrefois, elle est presque toujours d'un bleu d'ardoise même très-foncé, et rarement blanchâtre ou jaunâtre. Sa dureté et sa consistance varient, et il y en a une qui n'est pas très-dure et se laisse assez facilement entamer avec un instrumen tranchant, dont un porteur de lettres de *Klosterneubourg* propriétaire d'une carrière près de cette ville, a imaginé de fabriquer des pierres à aiguiser, qui semblent devoir être d'assez bonne qualité,

C'est à une lieue environ de *Klosterneubourg*, qu'on exploitait autrefois un très-joli marbre offrant des dessins comme celui de Florence, mais à mon sens plus singuliers encore, car ce sont presque toujours des piramides, ou des édifices énormes et anguleux, qui semblent imiter les gigantesques monumens de l'Egypte, et j'en ai uné boëte, où ils n'imitent pas mal le *Léopoldsberg* et le *Kahlenberg*, et je dis, *qu'on exploitait autrefois*, parcequ'on prétend qn'on ne trouve plus maintenant ce marbre dans la montagne. Cette pierre comme celle de Florence est blanchâtre, et les dessins jaunes tirant sur le brun.

L'abbé *Stütz* cite dans son ouvrage, plusieurs autres endroits de ces chaînes de Montagnes, où l'on retrouve dit-il le même schiste marneux avec des dendrites et des dessins de ruines; mais il faut qu'en général il ne se montre partout que rarement, puisqu'il est difficile de s'en procurer, qu'il se vend assez cher, et que ce schiste lui-même, tel qu'on l'emploie en plaques ou carreaux comme planchers dans plusieurs maisons, ne vient point des environs de Vienne mais par eau de *Passau* en Bavière.

Plusieurs de ces pierres, offrent des vestiges de mines métalliques, mais trop pauvres pour pouvoir en permettre l'exploitation. J'en ai des fragmens recouverts d'une mine de manganèse grise compacte, superficielle, et d'oxide noir, ainsi que d'oxide jaune. J'en ai, où l'on voit des druses de petits cristaux de spath, tous pénétrés de mine de fer brune, et convertis en cette mine. Le directeur d'une fabrique de vitriol établie à *Nussdorf*, dont j'ai déjà parlé plus haut, possède des échantillons du *Himmel* près de *Dornbach*, dont l'un est une jolie pierre couleur de foye, recouverte d'une écorce brune, formant une grosse veine ou un banc dans le rocher, et semble être une mine de manganèse calcaire, ou une espèce de chaux carbonatée brunissante de *Brongniart*, très-riche en manganèse et dont l'autre également couleur de foye, est rempli de points métalliques de la couleur du *Kupfer-Nikel* et recouvert çà et là d'un oxide vert qui ressemble aussi à l'oxide de ce métal.

J'ai recueilli moi-même entre les couches de grès du *Léopoldsberg* entre les quelles on voit quelquefois de larges fissures un joli fossile pulvérulent ou en poussière en général fort rare, et que l'on ne connoissait point encore dans de semblables formations, qui est l'oxide de manganèse noir dont j'ai rempli deux petites boëtes et qui semble provenir de la décomposition de la pierre, puisqu'il est fort mêlé de mica, de divers grains de sable qui en constituent les élémens, et contient une portion de chaux carbonatée, et fait un peu d'effervescence avec les acides. Il est d'un noir foncé tirant sur le bleu mêlé de quelque taches couleur aurore, et d'un oeil velouté; une très-petite quantité de cette poussière, teint au chalumeau un gros globule de verre de borax en un beau violet foncé, dans lequel j'ai reconnu aussi de petits grains de cuivre réduit, ce qui semble prouver que ce fossile pulvérulent est un double oxide noir de manganèse et de cuivre; sans addition, la couleur noire de ce fossile passe au brun.

Les feuillets des couches de marne schisteuse durcie du *Léopoldsberg* sont souvent très-fragiles, se délitent et se brisent en fragmens d'eux-mêmes comme à *Burkersdorf* et dans nombre d'autres endroits, de sorte que les couches calcaires n'ayant plus de point d'appui, se fendent, se rompent à leur tour, et glissent le long des plans très-inclinés qui leur servent de base. C'est un évenement pareil, qui a donné lieu à un éboulement considérable durant l'été de 1820, à un bon quart de lieue de *Klosterneuburg*.

Cette marne schisteuse durcie est très-souvent recouverte d'une écorce brune, et contient encore du manganèse comme toutes le formations de ces montagnes, dont toutes les espèces sont constamment pesantes, donnent (celles qui sont calcaires) une excellente chaux, brunissent d'abord au feu, et colorent plus ou moins au chalumeau le verre de borax, les pierres à chaux d'une couleur semblable à celle du beryl, et la marne durcie en rouge.

Nous avons déjà observé près de *Dornbach*, les diverses et singulières inflexions des couches du grès, qui s'emboîtent les unes dans les autres, mais ne sont pas toujours adhérentes, et se détachent facilement d'elles-mêmes presque sans effort; on peut réitérer la même observation dans nombre d'autres endroits, et surtout à *Burkersdorf*. On peut la faire aussi au *Léopoldsberg* où cet accident est plus rare, et présente des formes extraordinaires de protubérances bizarres, semblables à des espèces de stalactites, qui cependant n'offrent aucun vestige des vrais caractères de ces concrétions.

Nous y avons aussi obervé le désordre des couches produit sans doute par l'effet d'une révolution violente, que l'on retrouve dans toute l'étendue de ces formations: au *Léopoldsberg*, il est accompagné de circonstances particulières, qu'il importe de faire connaître: les couches sont souvent brisées et coudées, et une des carrières que l'on y exploite, les fait voir horizontales sur une étendue d'environ vingt-quatre pieds, mais encaissées entre des couches verticales calcaires, à droite (en venant de Vienne), présentant leurs tranches, et de pierre sabloneuse ou grès à gauche, qui se montrent en face, ou dans le sens de leurs plans tournés vers le spectateur surpris, de sorte qu'une partie de ces couches brisées semble être restée à sa place, tandis que les autres ont été soulevées, et ont en partie tourné sur elles-mêmes, comme une porte qu'on ouvre. J'ai taché de rendre cet intéréssant phénomène fig. 30.

Tandis que les collines et les plaines de la basse Autriche, abondent comme nous l'avons vu, en fossiles et en pétrification du règne animal, il paraît certain que les vastes formations des Monts Cettiens, n'en contiennent que bien peu: je n'en ai pu découvrir nulle part, nulle part les ouvriers des carrières que j'ai questionnés, n'ont aucune idée de rien de pareil, et je ne connais que le seul exemple rapporté par l'Abbé *Stülz* (*Mineral. Taschenb. pag.* 105) de bucardites, dont il ne connaissait pas l'espèce, trouvés derrière le mont *Kalksbourg*, dans un schiste marneux; à la vérité l'Abbé *Libert* m'a fait cadeau d'une jolie vis, qu'il a trouvée lui-même en 1816 sur le mont *Kahlenberg* dans une motte de terre, entre les racines d'un arbre que le vent avait déraciné, mais le gissement singulier de cette coquille joint à sa parfaite conservation, qui est telle, qu'elle n'est point des tout calcinée et offre encore tout ses tubercules et toutes ses taches dans leur intégrité, sont cause, que je ne sais, si l'on doit la regarder comme fossile.

Cette formation d'une étendue si considérable, est encore problématique et équivoque selon moi, et il est difficile jusqu'à ce moment de prononcer au juste sur son âge;

placée comme elle est, entre des brèches calcaires coquillières constituant sans contredit, un des plus jeunes membres des formations secondaires, et de dépots de sable, de
graviers et d'argiles improprement nommés terreins d'alluvion d'une part, et une autre
formation énorme au sein de laquelle nous allons entrer, d'une brèche de transition ancienne et très-singulière de l'autre.

On ne peut malheureusement pas saisir jusqu'à présent, les points de contact de
toutes ces formations, ce qui pourrait naturellement donner de grandes lumières, sur les
divers dégrés de leurs anciennetés respectives. La rareté des pétrifications et des fossiles,
se rattachant aux habitants et aux productions de la mer dans celles des Monts Cettiens,
dont la pierre calcaire a d'ailleurs souvent de grands rapports avec la calcaire des alpes,
semblerait devoir les placer au rang des dépots de transition les plus anciens, quand d'un
autre côté, les pétrifications de plantes aquatiques ou de varec semblent les rejeter au
sein des plus jeunes de transition, ou des secondaires les plus âgés; et ce qui paroit encore contribuer à leur assigner cette place, c'est la singularité de la formation des grès,
qui constituent en bonne partie ces montagnes, et qui présentent de grands rapports avec
le *Grauwacke* à grain fin et terreux; ils en ont la couleur et tous les caractères extérieurs,
à cela près que des fragmens ou plutôt des parcelles de lignite, ont remplacé les fragmens
de schiste, et des veines de spath calcaire, celles du quartz, et que son gluten, offre encore des vestiges à la vérité quelquefois à peine sensibles, de la présence de la chaux
carbonatée, ainsi que les schistes argileux subordonnés à cette formation.

Il est au sein de ces formations plus intéressantes que ne l'avaient cru les écrivains
mes dévanciers sur cette matière, d'autres choses remarquables encore, qui ne peuvent
échapper au scrutateur attentif de la nature : c'est la profusion de l'oxide de manganèse,
soit uni intimément à toutes à ce qu'il paroît, soit répandu à la surface des couches
sous forme d'herborisations fines ou grossières, ou d'oxide libre, terreux ou doué de
l'éclat métallique, et la profusion non moins grande de carbone, que la nature a fait entrer dans la composition des couches les plus profondes de ces montagnes, se manife-
stant sous divers états, et dans les veines de charbon, et dans les lignites, et dans les
schistes et l'argile schisteuse noire et bitumineuse qui accompagnent leurs formations;
c'est le calcaire subordoné à la formation du grès, dans les parties inférieures des montagnes, tandis que leurs couches supérieures, qui reposent incontestablemnnt sur celles-ci,
n'offrent plus de vestiges de carbone, et font voir une formation principale calcaire à laquelle celle du grès parait subordonnée. Ainsi dans les profondeurs, l'agent qui leur a donné naissance, a accumulé des dépots de sables, d'argiles et de bitume, et plus près de
la surface, ceux de chaux carbonatée.

On ne peut pas non plus reconnaître sans surprise, un fait aussi général que celui de la position presque constamment verticale de toutes les couches de la profondeur,
tandis que dans les hauteurs, elles ne sont qu'inclinées! J'ai rendu raison à un certain
point ce me semble de cette différence pour les couches supérieures: mais le redressement d'une masse de couches dont l'étendue et le poids sont incalculables, et que j'ai
déjà dit plus haut devoir avoir eu lieu est plus difficile à expliquer, et aucune théorie des forces mécaniques à nous connue, ne peut nous mener à résoudre cet imposant problème!
Quelle cause épouvantable n'a-t-il donc pas fallu, pour produire un effet aussi inconce-
vablement prodigieux!

On doit cependant présumer, que ce grand et étonnant effet, est dû à une des plus anciennes catastrophes qui ait desolé notre monde, à une révolution ou une suite de révolutions terribles et contemporaines de tous les faits du même genre épars sur le globe, et à une époque, où tant de contrées, environnées encore aujourd'hui même de nombreux volcans éteints, l'étaient alors de volcans en activité presque en même tems, et tous à la fois: C'était au nord de cette espèce de vaste bassin, qu'ils enveloppaient comme les bords d'une mer ou d'un énorme lac, ceux du pays de *Cassel*, de la *Saxe*, de la *Thuringe*, de la *Bohême*; à l'orient, ceux de la *Hongrie* et je le soupçonne fort, de cette partie de la *Turquie* qui avoisine ce royaume; au midi ceux encore existans de *Sicile* et de *Naples*, et ceux éteints depuis une immensité de siècles, de la *Provence*, du *Languedoc* du *Vivarais*, de *l'Auvergne*; et enfin à l'occident, ceux des bords du *Rhin*.

Nous voyons qu'il n'existe presque point d'éruption volcanique un peu considérable de l'Etna ou du Vésuve, les seules bien marquantes encore, sans être accompagnées de grands tremblemens de terre, se propageant souvent à de très grandes distances, dans diverses directions et sur divers rayons partant de ce centre commun. Ce n'est point ici le lieu de rassembler les récits de semblables événemens, mais l'on n'a seulement qu'à parcourir les papiers publics du tems, pour se convaincre de ce que j'avance. Il est vrai, que maintenant ces tremblemens de terre ne sont plus guères dangereux qu'en *Italie*, à *Naples*, en *Calabre*, à *Catane* en *Sicile*, et cela précisément parce qu'il n'y a plus de foyer de feux souterrains formidables que dans ces belles contrées, et qui encore ne semblent plus produire de grands ébranlemens dans les montagnes: mais l'on conçoit assez, ou plutôt, l'on a peine à concevoir toute la violence des effets désastreux que devaient nécessairement produire tant de bouches à feu agissant en même tems, soulevant de toute part la croute de la voute épaisse suspendue sur elles, et faisant des efforts continuels pour se faire jour autravers de tant d'obstacles.

De là sans doute ces grands effets pour le pinceau du peintre comme pour l'imagination, faits pour étonner la plus hardie, quand nous les voyons pleins d'admiration devant nous; de là le brisement des montagnes, la mutilation et le soulèvement de leurs couches, en raison de leur plus ou moins grande consistance, et du plus ou moins de résistance qu'elles offraient; de là sans doute les premières fentes ou fissures, dont les eaux s'emparérent dèslors pour courir avec une prodigieuse rapidité sur des surfaces devenues inégales, et pour rompre et ronger les barrières qui les arrêtaient encore; de là tant de courans dévastateurs, creusant les grandes ouvertures de toutes les chaines de montagnes de l'univers; de là enfin une série d'événemens physiques, et de nivellemens de la surface du globe, dont nous saisissons passablement les termes extrêmes, mais dont nous ne pouvons déterminer la marche avec une certitude mathématique.

Les montagnes de la chaine cettienne et les collines qui les accompagnent dans la même direction, se rapprochent souvent, et souvent s'écartent prodigieusement, et laissent entre elles une vallée riante, peuplée et cultivée, de six à sept lieues au moins de largeur, circonstances, que l'on reconnaît parfaitement sur la route de Vienne à Bade, et toutes abondent constamment comme je l'ai assez démontré, en formations calcaires; la pierre calcaire constitue même encore celles de cette branche de montagnes, au pied desquelles se trouve située *Bade*, très-jolie petite ville à quatre lieues et demie de la capitale de l'Autriche, renommée pas ses eaux thermales.

Mais ici se présente une autre formation bien différente et très-considérable , qui placée en devant d'une énorme embrâsure ouverte entre les extrémités des montagnes de la *Styrie* d'une part , et celles de la *Hongrie* de l'autre, comme on l'observe aisément des sommités même les moins élevées des environs de *Bade*, telles par exemple que quelques hauteurs les plus voisines de cette ville du mont *calvaire*, dont je ferai amplement mention plus bas, semble composée presque en entier, de débris d'autres formations plus anciennes, détruites et balayées par une révolution analogue certainement à celle dont je viens de parler , et qui sans doute a produit cette grande lacune, qui jadis devait être remplie par elles.

Cette formation que personne n'avait encore soupçonnée, est une brèche singulière, et sans contrédit, un des membres le plus âgé de cet ordre. Les cailloux roulés qu'elle renferme, sont en général fort arrondis, et rarement ou presque jamais plus gros que ceux que l'on trouve avec les dépots de graviers, et quelquefois comme nous le verrons en son lieu très-petits, ce qui prouve assez qu'ils sont venus de loin, et ont été transportés par une force très-puissante : ils sont très-clair semés près de *Bade* même et deviennent plus fréquens un peu plus loin. Ils se rattachent presque tous aux formations de transition à ce qu'il paraît, et surtout à celle du calcaire des alpes, et comme on retrouve aussi parmi eux les grès durs que nous avons observés autour de *Vienne* en son lieu *pag.* 5, on ne peut pas douter, que cette formation détruite de grès n'en soit une d'une très-gande antiquité. Je possède aussi deux fragmens renfermant un mica-schiste verdâtre très-rare et très-clair semé, fragmens que je dois à l'obligeance de M. le Professur *Bukland*, qui ayant été faire une tournée à *Bade*, lors de son passage à *Vienne* dans les premiers jours de Septembre 1820, les ramassa au pied du mont *calvaire.*

La texture générale des grandes masses de cette formation, vient encore à l'appui de mon opinon sur son ancienneté, et cela d'une manière bien extraordinaire pour une formation de brèche, puis qu'elle semblerait en dénoter une plutôt par voye de cristallisation et de précipitation, que par dépots successifs, cette brèche n'offrant point de couches horizontales ou inclinées comme cela a lieu ordinairement dans d'autres pays, mais des gros feuillets plus ou moins verticaux, appliqués les uns contre les autres tout autour d'un noyau, et terminés vers leurs sommets comme des espèces de piramides grossières bien marquées, surtout dans quelques pointes ou rocs isolés, imitant parfaitement les formés des roches primitives et des calcaires de transition les plus anciens, comme on peut l'observer dans les alpes de la *Suisse* et de la *Savoye*, dans le *Jura*, etc. etc.

Il semble que les cailloux roulés et les pétrifications marchent presque de pair dans le calcaire brèche de *Bade*, car jusqu'à la hauteur d'un certain niveau, que malheureusement on ne peut pas déterminer, puisqu'il n'y a pas eu encore d'observations comparatives faites sur cet objet, mais qu'on peut évaluer je crois à vue-d'oeil, à au moins une cinquantaine de toises, on ne voit que peu de cailloux et point de pétrifications, tandis que depuis ce niveau jusqu'au sommet des montagnes, on en trouve souvent beaucoup, et des pétrifications surtout dans certaines montagnes, telles que le *calvaire.*

Comme les escarpemens que présente cette branche des Monts Cettiens, sont souvent lissés et usés par le tems, ou recouverts de lichen des pierres (*lichen petreux*) noir, il faut pour se faire une juste idée de cette intéressante formation, la considérer dans plusieurs de ses parties, et particulièrement dans les carrières de pierres exploitées dans son sein, qui en mettent l'intérieur à découvert.

La masse qui constitue le ciment ou la pâte de cette brèche qui souvent comme nous l'avons vu, n'a pas l'air d'en être une, est une pierre à chaux très-remarquable. Elle est d'un blanc grisâtre ou jaunâtre, teinte çà et là en jaune par l'oxide de fer, très-compacte, et ressemble souvent parfaitement à l'espèce connue sous le nom de calcaire du Jura, tant sous le point de vue oryctologique, qu'à bien des égards sous le point de vue géognostique, surtout dans l'intérieur ou le centre des montagnes ou leur noyau, ou la pression des couches extérieures, a sans doute effacé toute espèce de vestige de régularité de ses parties; mais très-souvent aussi elle en diffère totalement par ses formes, surtout autour de *Bade*, et surtout à ce qu'il m'a paru dans l'enveloppe extérieure cependant très-épaisse de cette masse, différence qui justifie le nom que je lui ai donné de *calcaire brèche de Bade*: elle est alors entièrement composée de parties romboïdales plus ou moins bien prononcées, de diverses grosseurs, quelquefois très-petites, et rendant quelquefois cette pierre très-fragile, et qui quand on les en détache, y laissent une empreinte retraçant les angles et les plans d'un cristal imparfait. Cette texture en parties romboïdale, est très-sensible vers les surfaces des rochers et des fragmens, et souvent jusques dans leurs plus grandes épaisseurs, mais d'autrefois, ces parties sont comme fondues les unes dans les autres, n'offrant plus que des rudimens de rombes, ou des divisions romboïdales, reconnaissables par leurs joints, et les cassures de cette espèce calcaire se ressentent de cette texture. En général l'aspect de cette pierre est fréquemment si étrange, que j'ai vu d'assez bons minéralogistes, en prendre des fragmens pour des morceaux de Feldspath commun au premier coup d'oeil.

Cette conformation pourrait être considérée comme accidentelle d'après une inspection superficielle des montagnes et si on ne l'y retrouvait constamment partout, ce qui joint à des rudimens de cristaux de spath et de lames spathiques très-brillantes et douées de beaucoup d'éclat qui courent presque toujours entre les parties romboïdales, annonce évidemment, que l'acte de la cristallisation, mais d'une cristallisation imparfaite et fortement troublée, a contribué à la formation de cette branche cettienne. Toutes les variétés du calcaire de *Bade*, sont susceptibles d'un assez beau poli, qui cependant dans celles plus ou moins sensiblement romboïdales, ne peut pas être d'un bel effet.

On conçoit que cette texture du calcaire brèche de *Bade*, offrant des angles multipliés, et par conséquent beaucoup de prise aux agens météoriques, doit malgré la compacité et la dureté de ses élémens romboïdaux, la rendre très-susceptible de décomposition; en effet, elle a eu lieu même très-en grand et l'on exploite près de *Bade*, sur le mont calvaire (*Calvarien-Berg*), qui s'élève immédiatement au dessus de cette ville, de véritables mines d'une espèce de sable très-fin, dont on se sert pour nettoyer les planchers et sabler les jardins, et que l'on envoie aussi à *Vienne*, et ce sable dont j'ai visité des carrières, n'est autre chose, que la pierre calcaire décomposée à de très-grandes profondeurs et réduite à cet état. J'en ai divers morceaux, qui offrent les divers dégrés de cette décomposition: d'abord, elle ne se manifeste qu'entre les interstices des rombes ou leurs joints, séparés par des trainées ou des veines de ce sable, bientôt elle a attaqué leur épaisseur, et c'est déjà une poussière blanche, fine, tachant les doigts, enveloppant des grains qui n'ont plus de formes régulières; et enfin, c'est la poussière pure semblable à la farine, qui ne renferme plus que peu de grains bien moins gros, qu'on en sépare au moyen d'un tamis.

Les eaux ensuite ont souvent remanié ces masses fragiles ou friables, et plusieurs endroits offrent des vestiges de leur action ; de profondes découpures, des gorges, des voutes dont on a su tirer parti en faveur des jolies promenades construites au dessus du parc à *Bade*, et dont l'effet est des plus pittoresques : les rochers dans ces endroits ressemblent à la craye.

Cependant ce carbonate de chaux pulvérulent n'est pas pur ; en l'étendant sur un morceau de papier et l'examinant avec soin, on y reconnaît une infinité de petits grains durs, à texture un peu grenue avec un éclat un peu vitreux, translucides, sur lesquels les acides n'ont point de prise quand ils ont été lavés et bien nettoyés, qui rayent le verre blanc autant que de petites particules le peuvent faire, et sont évidemment des grains de Quartz ; d'où il résulte, que le calcaire dont la décomposition a donné naissance à cette espèce de sable, doit lui-même contenir beaucoup de Quartz enveloppé dans sa masse ! Et si l'on fait attention à l'immense quantité de cailloux de Quartz que l'on retrouve soit dans cette brèche, soit dans les graviers et les plaines des environs de *Vienne*, de la basse Autriche en général, et même des pays voisins, et souvent très-gros, on ne peut s'empêcher d'en tirer la conséquence, qu'il fut un tems de la plus haute antiquité du monde, où il exista des formations excessivement considérables de Quartz pur ou presque pur, qui n'existent plus au sein d'aucun système de montagnes, dont la destruction, qui ne peut avoir été effectuée que par une cause violente, a donné naissance à tous ces fragmens, à tous ces sables quartzeux et à tant de particules quartzeuses longtems charriées au loin, et enveloppées ensuite dans les formations du calcaire le plus ancien, (Calcaire salin où grenu) qui contient comme on sait toujours du Quartz, comme ensuite plus tard, dans le calcaire brèche de *Bade*.

On reconnait la vérité de ce que je viens d'avancer quelques paragraphes plus haut page 30, que les pétrifications et les cailloux roulés de cette formation ne se trouvent guères qu'à un certain niveau au dessus de la plaine, dans l'étendue de plusieurs affleuremens de roc que l'on foule à ses pieds en s'élevant sur la montagne, et dans plusieurs carrières que l'on rencontre à cette hauteur, où l'on voit tout-à-coup la pierre calcaire presque entièrement blanche, quelquefois jaunâtre, recouverte et remplie de débris et de détritus de coquilles de mer petrifiées, parmi lesquels on distingue des fragmens très-endommagés de grandes et petites ostracites, ces dernières quelquefois conservées, presque semblables pour la forme à de petites patelles ; des fragmens de petites anomies, et plus rarement, des vestiges d'astroïtes très-déformées, et très-rarement encore, des pointes d'oursins faiblement striées sur leur longueur, ou épineuses. En général, il n'est pas très-commun d'en trouver d'entières, et il est facile à concevoir que cela doit être ainsi, au sein d'une formation de brèches, produite par des eaux charriant à de grandes distances et des coquilles et des cailloux plus durs qu'elles, et qui en les froissant, devoient les briser, et les menuiser au point de devenir méconnoissables, comme en effet elles le sont le plus souvent.

Cependant on trouve quelquefois parmi ces débris de très-belles espèces d'une conservation plus-on moins parfaite, à une ou deux lieues de *Bade* et plus loin, et l'on en peut voir une très-intéressante collection chez M. *Rollet*, aussi estimable chirurgien de cette ville, qu'amateur éclairé de la minéralogie. J'ai vu chez lui, les morceaux suivans trouvés en partie sur le mont calvaire, et en partie sur d'autres montagnes voisines : un grand et bel Echinite, qui semble devoir se rapporter à la rosace de *Cuvier, Tableau Elem. de l'hist. Nat. des Anim.* un peu endommagé ; deux belles ostracites ; des camites ; des anomies, et plusieurs autres que je n'ai pas eu le tems d'étudier, ayant eu le malheur de faire trop tard la connaissance de cet homme intéressant trop peu connu de ses concitoyens, mais dont il est fait mention dans son *Igieïà* imprimé à *Bade*, et dans l'ouvrage sur les eaux minérales de cette ville du docteur *Schenk*.

Gmelin dans sa traduction de *Linné* IVme partie, T. II. parle aussi et donne la figure d'un *Echinus floridus de Mercati* et de plusieurs autres, accompagnés de madréporites, d'astroïtes et de porpites ; et l'abbé *Stütz : Mineral. Taschenb. pag.* 113, dit qu'il a trouvé nombre d'autres pétrifications à *Soos* village près de *Bade*, et sur plusieurs montagnes.

En s'élevant davantage, au dessus du niveau, où commencent les pétrifications, ces dépots coquilliers se mélangent de plus en plus avec des cailloux, qui souvent y abondent tellement, que cette singulière pierre imite parfaitement les plus jolis poudingues.

Les mêmes observations se renouvellent du côté de la charmante vallée de *Ste. Hélène*, à un bon quart de lieue de *Bade*, qui présente à la fois les sites les plus rians, les plus agrestes, et les plus sauvages, elles se renouvellent dis-je avec quelques variations de couleurs et de textures : La pierre est souvent d'un gris de fumée comme le calcaire des alpes, et colorée à l'extérieur par le fer en jaune de soufre ou de citron ; les pétrifications reparoissent encore à peu près au même niveau, et le calcaire brèche vers les sommités, imite de nouveau le poudingue quelquefois à très-petit grain. J'en ai trouvé un très-joli et très-dur, entièrement calcaire, à pâte d'un rouge brun, d'un oeil terreux et mât, avec une infinité de petits cailloux tout ronds, rarement plus gros qu'une petite balle de pistolet, de pierre à chaux grise de diverses nuances, et d'un blanc jaunâtre, qui a son gissement au dessous d'une des ruines de *Ste. Hélène*, ou du vieux château de *Rauhenstein* ; il prend un très-beau poli et ressemble beaucoup à la vue au poudingstone d'Angleterre, si recherché dans les arts de luxe ; malheureusement, il se casse ou s'égrene assez facilement dans certains endroits, et les petites pierres s'en détachent souvent et ne laissent à leur place que leur empreinte.

L'abbé *Stütz* dans son livre souvent cité, dit, qu'il a trouvé aussi à la rive droite de la *Schwaecha*, au dessous des ruines du château de *Rauheneck*, des brèches qui paroissent avoir beaucoup de rapports, avec celles que nous venons de voir à la rive gauche de cette rivière ; ce qui prouve bien comme tous les faits recueillis dans les observations que je livre aujourd'hui au public, qu'il fut un tems, où les montagnes des deux rives furent réunies.

Cette vallée de *Ste. Hélène* présente de très-jolies variétés de marbres pour la couleur, mais qui ne semblent pas offrir des veines d'une grande étendue, ou peut-être sont trop remplis de fissures ou de parties hétérogènes pour être employés avec succès dans les arts, puisque je ne sache point, qu'on en fasse usage. Derrière la maison du Baron de *Schönfeld* par exemple, à l'entrée de la vallée, il y a une semblable veine, dont la pierre fait voir un très-joli mélange de gris, de couleur aurore, et de couleur de chair : Au dessous des ruines du château de *Rauhenstein*, j'en ai trouvé un autre d'un gris cendré, avec des vestiges de parties romboïdales, et de veines blanches évidemment siliceuses.

La même vallée présente aussi quelques accidens remarquables, qu'un historien de la nature ne peut passer sous silence; tel est celui que font voir encore les rochers derrière la maison du Baron de *Schönfeld*, qui tandis que tous les environs sont composés d'une brèche à ciment de pierre à chaux, en renferment une à ciment de grès marneux et ferrugineux rouge, qui semble former une espèce de gros nid dans leur sein, et en renferme elle-même de plus petits, également de grès marneux jaune ou rouge, teignant le papier blanc comme l'ocre ou la sanguine *).

Les montagnes appartenantes à la formation du calcaire brèche de Bade, atteignent déjà des hauteurs remarquables comme celles des autres branches de la chaine cettienne, et néanmoins on ne peut voir sans une vive surprise, qu'elles ont dû nécessairement avoir été une fois plus hautes encore qu'elles ne le sont, et doivent avoir été déchirées et détruites en partie par une révolution violente; c'est ce que prouve incontestablement une singulière formation couronnant leurs sommités, et que j'ai rencontrée au sein d'une vaste carrière maintenant abandonnée je ne sais pourquoi, et située à une lieue et à l'orient de *Bade*, qui est encore une brèche, mais renfermant beaucoup de fragmens anguleux ou souvent romboïdaux du calcaire brèche de *Bade*, qui se trouvent donc ici près de leur lieu natal, et sur les mêmes rochers dont ils furent détachés, et que cette brèche plus jeune recouvre à une profondeur à moi inconnue, puisqu'il est difficile sous des pentes toutes couvertes de végétation, de saisir les points de contact des deux formations. Elle renferme aussi les mêmes cailloux que l'on observe dans la vieille brèche, qu'elle a enlevés à celle-ci en s'emparant de ses propres débris.

Elle diffère aussi de la vieille brèche, en ce qu'elle offre tous les caractères de dépots secondaires, et constitue de véritables bancs, légérement inclinés, et dont les têtes regardent l'occident. Sa pâte, offre une belle pierre calcaire d'un blanc jaunâtre souvent teinte en jaune par le fer, grenue, à petit grain, translucide dans ses parties un peu minces, ressemblant beaucoup au calcaire salin ou primitif, et semblant par conséquent comme lui être le produit d'une sorte de cristallisation, ce que confirment encore plusieurs pores parfaitement vides, qui doivent ce me semble être considérés comore les ca-

---

*) Je ne puis m'empêcher de rapporter ici un fait, qui quoique semblable à plusieurs autres du même genre, recueillis par plusieurs auteurs, n'en reste pas moins singulier et digne d'être relevé. Le 1 d'Août 1820, en détachant des pierres d'un rocher déjà en partie décomposé, derrière la maison du Baron de *Schönfeld*, nous trouvâmes mon fils et moi, en en enlevant une, un crapaud logé dessous dans une cavité qui en offrait l'empreinte grossière; l'animal qui sans doute devoit être enfoui au sein de ce rocher depuis bien des années, dans une cavité qu'il avait trouvée molle, ou qu'il avait ramollie, était plein de vie, mais semblait avoir perdu la faculté de se mouvoir, et se laissa prendre facilement. Ce crapaud était remarquable non seulement pour avoir vécu longtems ainsi renfermé sans nourriture apparente, mais encore par la beauté de ses couleurs, qui semblent en faire une espèce inconnue, et plus belle que la plupart de ce genre. Sa grandeur est celle d'une grenouille ordinaire: il offre sur un fond d'un blanc grisâtre ou gris de perle, des taches longues, larges, sinueuses, à bords arrondis, qui se rapprochent et se réunissent souvent, d'un beau vert de pré ou d'herbe, qui le font paroître tigré. Les pustules sur lesquelles passent ces espèces de bandes, sont également vertes, et plus grosses que celles qui s'élèvent sur le fond gris de perle, et qui sont d'un rouge vif ou couleur de sang. Le ventre est également gris de perle et chagriné, et le dessous des doigts est jaune.

vernosités d'une cristallisation imparfaite ou troublée, et des parois minces comme des lames, dont plusieurs dans un exemplaire que je possède, se sont reunies pour former un véritable tissu cellulaire.

Cependant cette pierre si semblable à la pierre à chaux grenue des formations les plus anciennes, constitue non-seulement comme nous l'avons vu la pâte d'une brèche, mais elle renferme quelquefois des portions d'huitres d'une grandeur et d'une épaisseur considérables, dont on ne rencontre malheureusement, que des fragmens jamais assez bien caractérisés pour pouvoir prononcer sur l'espèce à laquelle ils doivent avoir appartenu; la seule conjecture qu'on puisse se permettre de faire d'après les dimensions qu'elles font voir, c'est qu'elles étaient différentes de celles que l'on trouve dans le calcaire brèche de *Bade*.

Dans quelques cavernosités plus ou moins ouvertes et profondes de cette pierre, dont on a tiré de gros blocs gissant encore sur le sol de la carrière, on observe des concrétions singulières d'un blanc jaunâtre, d'une espèce de grès calcaire très-fin, recouvertes de très-jolis petits cristaux spathiques: leur forme est sphérique, et les plus grosses le sont comme de très grosses cerises. D'autres cavernosités, sont toutes tapissées de druses de petits cristaux spathiques fortement tronqués, et imitant la figure du grenat.

Les bancs de cette pierre, sont aussi souvent recouverts à leurs surfaces d'un très-joli fossile, les revêtant à la manière d'un sinter, et qui ressemble beaucoup à la vue à des flocons de coton : il présente des croutes superficielles, ou d'une ligne environ d'épaisseur, pulvérulentes, mais comme composées de filamens cotoneux d'un blanc de neige avec un éclat soyeux sous certains aspects, et d'une extrême finesse, dont les extrémités translucides, ressemblent tout-à-fait aux parties minces d'un fin coton. Ce fossile pulvérulent ainsi conformé, est si délicat, composé de particules si tenues, qu'on ne peut presque pas le conserver dans sa beauté et sa fraicheur, et qu'il est gâté par le moindre contact, par la moindre secousse, et si léger, qu'il reste suspendu sur l'eau : il fait une vive effervescence avec les acides, s'y dissoud en grande partie, et ne laisse qu'un léger résidu brun, qui quand on le chauffe jusqu'à le faire rougir à la flamme d'une chandelle, donne une belle lueur phosphorique éclatante d'un blanc verdâtre. Il paroit être un produit de la décomposition de la pâte de la brèche poreuse déjà elle-même sensiblement décomposée, et qui alors est souvent grise, d'un oeil terreux, et remplie de petits pores et d'espèces de fibres comme une pierre ponce.

Enfin on trouve encore dans cette pierre çà et là et sous forme de nids, des boules presque sphériques, grosses comme des boulets des canon d'un petit calibre, enveloppées d'une espèce d'argile. Elles sont de la même nature que la pierre qui les renferme, et l'une d'elles que j'ai cassée, est recouverte d'une ecorce blanchâtre, plus ou moins épaisse, poreuse et enveloppant de petits cailloux, tandis que son noyau, couleur de foie, fait voir une pierre presque compacte ou peu grenue à petits grains spathiques.

C'est une chose bien singulière sans doute que ces grosses boules, que l'on retrouve de tems à autre au sein de presque toutes les formations, en partant des primitives, qui n'en ont point encore fait voir. Tout le monde connait les basaltes en boules, dont la formation au reste n'a peut-êtae rien de commun avec les autres; tout le monde connait aussi les schistes en boules; mais je ne sache point qu'on ait encore rencontré la pierre à chaux de l'espèce de celle que je viens de faire connaitre, ou un grés semblable à celui de *Dornbach*, que nous avons observé comme on doit s'en souvenir avec soin (*Voyez pag.* 13. *de cet ouvrage*) en boules. Que ces boules ne sont point des espèces de stalactites ou des concrétions globuleuses, et n'ont nullement été produites de même, c'est ce qu'attestent suffisamment leur texture, qui ne ressemble en aucune manière à celle d'une concrétion, et leur substance, qui n'est dénaturée par aucun agent étranger, mais est encore celle du même calcaire, et du même grès, au sein desquels on les rencontre : qu'elles n'ont point été non plus roulées et charriées par les mêmes eaux ou les mêmes courans, qui ont déplacé tant de gros fragmens des montagnes, et transporté tant de blocs et de cailloux, c'est ce qu'attestent dans cette occasion leurs formes, qui au lieu d'être anguleuses, comme devraient l'être celles de masses détachées sur les lieux mêmes, sont toujours plus ou moins sphériques, et leur gissement en-nids dans la masse du rocher même, tandis que si elles avaient été roulées, on devrait les trouver à l'état de dépots, entre les couches constituant les dépots de grès de *Dornbach*, et de brèche calcaire dont il est question ici.

A quelle espèce de force mécanique, ou de puissance de la nature, peut-on donc attribuer cet étrange phénomène ? Peut-être à la même qui a donné naissance à tant de formes bizarres de certaines roches et pierres, aux diverses inflexions, aux divers reployemens qu'elles font voir, c'est-à-dire peut-être, à des dégagemens spontanés et abondants d'air ou de substances gazeuses, qui ne trouvant que des interstices entre des couches ou des feuillets quelque faibles qu'elles fussent, et point d'issues, s'étendaient au dessus et au dessous de grandes surfaces, et en vertu de leur élasticité activée par une forte compression, les soulevaient en divers sens, et les déformaient de diverses manières. Dans des endroits où de tels efforts auront pu occassioner quelque ouverture, l'air dégagé tout-à-coup en quantité et avec violence, et poussant devant lui des masses plus ou moins considérables dans le fluide liquide ambiant, agent de presque toutes les formations, en aura formé des boules.

Ce phénomène en grand datant d'une époque où tout se produisait en grand, s'explique ce me semble, par une expérience en petit que les chymistes sont dans le cas de faire tous les jours, dans les opérations ayant pour objet des dissolutions, des lixiviations, etc. etc. jetez une certaine quantité de glaise ou de sable dans l'eau ; comme tous les corps sont poreux, et que leurs pores quelque petits qu'ils soient, renferment toujours de l'air, que l'eau plus pesante chasse pour le remplacer, il y a toujours dégagement plus ou moins sensible de cet air, à la suite duquel la matière qui est au fond de l'eau, ne présente jamais une surface unie, mais toujours plus ou moins sinueuse, sur laquelle vous voyez même quelquefois des vessies ou des espèces de globules.

Si la formation que je viens de décrire est plus jeune de beaucoup que la vieille brèche sur laquelle elle s'est assise, elle se rattache du moins toujours comme nous l'avons vu, aux tems où les eaux après avoir produit de grandes formations, après les avoir détruites pour les remplacer par de nouvelles, étaient à bien des égards semblables à celles de nos mers, et l'on ne pouvait sans doute guères s'attendre à trouver au sein d'un tel ordre de choses, des traces non méconnaissables de dépots et d'un séjour des eaux douces ! C'est cependant là un fait, dont je fis à mon grand étonnement la découverte le 20. Juillet de l'année (1820.), en parcourant le parc, jolie promenade de *Bade*, et cela, à son extrémité la plus reculée, au pied de la montagne, où est une gorge qui ne dure qu'un moment formée par l'art, entre deux pans de rocher, dont celui à droite beaucoup plus haut que l'autre, offre toujours la pierre à chaux ordinaire de ce pays, tandis que celui à gauche le plus bas s'exhaussant sur un monticule, est un banc d'environ deux pieds d'epaisseur seulement, d'environ cinquante pieds de largeur du côté qui regarde la ville, et vingt quatre du côté de la montagne, presque horizontal, et composé lui-même de plusieurs couches, faisant voir encore comme la pierre du sommet des montagnes dont je viens d'entretenir mon lecteur un peu plus haut, une brèche à pâte calcaire d'un jaune fauve ou d'un gris cendré, renfermant une quantité prodigieuse de petits fragmens anguleux du calcaire de *Bade*, mais très-compacte, et remplie de petites coquilles pétrifiées ou fossiles et seulement calcinées d'eau douce, qui sont des planorbis de la plus petite espèce, beaucoup de petites nérites de rivière, des buccins fluviatiles ou radix, et quelques autres. Elle est si dure qu'apparemment pour la façonner à l'usage de la promenade, on voit qu'elle a été travaillée avec le secours de la poudre à canon, et l'on y voit encore des traces d'un canal à poudre.

Ce banc si peu épais, est couronné lui-même de couches ou de lits d'environ quinze pouces d'épaisseur pris ensemble, de tuf calcaire plus ou moins tendre, quelquefois assez dur, qui a aussi enveloppé des fragmens de la pierre ordinaire, et des coquilles détachées de la formation qu'il recouvre, qui repose évidemment aussi sur le calcaire brèche de *Bade*, et comme non loin et sur la même ligne que ce banc, sur le même monticule qui le porte, il est encore un rocher isolé de la vieille brèche, et que la gorge même dont il borde un côté, a été evidement taillée dans le roc, il n'est pas douteux que cette singulière formation nouvelle, n'ait été auparavant comme enclavée dans l'ancienne; fait assurément bien extraordinaire, et qui dénote peut-être ici un séjour des eaux douces seulement local, comme le serait une source ou un courant de pareille eau se faisant jour au sein de la mer; et la direction même de ce rocher détaché de la montagne et s'avançant vers la plaine, paroit venir à l'appui de cette idée.

On a déjà vu plus près de *Vienne*, que les couches et les bancs de la chaîne des Monts Cettiens, paroissent avoir éprouvé de grands ébranlemens par l'effet d'une révolution violente, et par l'action des eaux d'un monde bien différent de celui que nous habitons, et cette dernière se manifeste surtout dans les vallées et les vallons de cette chaîne, offrant jadis de vastes canaux à d'énormes courans.

La vallée à l'entrée de laquelle est située *Ste. Héléne* dont elle tire son nom, et qu'on aurait dû plutôt nommer vallée de *Schwoechat* de la rivière qui la traverse *) présente peut-être les faits les plus imposans dans ce genre, comme les aspects les plus intéressans et les plus enchanteurs. Toutes ses montagnes à la droite de l'observateur en venant de *Bade* et à la rive gauche de la rivière, présentent des escarpemens épouvantables taillés à pic. Des montagnes entières, sont quelquefois séparées, comme enfoncées, et brisées; des bancs ou gros feuillets sont rompus par d'immenses et profondes fentes verticales, dont la plupart sont ouvertes de toute part sur la vallée, et criblés de trous quelquefois très-considérables. Tout autour des ruines du château de *Rauhen-*

---

*) Cette petite rivière, ou plutôt ce torrent si peu profond qu'on le passe aisément à gué, porte je ne sais pourquoi trois noms: *Schenk (Die Schwefelquellen von Baden)*, et *Schultes* dans son voyage au *Schneeberg*, l'appellent *Schwoechabach*; *Mayer (Miscellen üter den Cur-Ort Baden) Schwoechat*, et les gens du peuple *Mühlbach*, que je prefererais, parce qu'il est plus facile à prononcer et retenir pour un français.

stein, où nous avons comme on s'en souvient sans doute, rencontré une si belle brèche à petit grain semblable à un poudingue (*voyez plus haut la pag. 23.*), les sommets sont singulièrement déchiquetés, des portions de fentes ont éprouvé de violentes secousses et ont été détruites, et des pans de rocher semblables à des pans de murs énormes, sont seuls restés sur pied.

En s'enfonçant dans cette romantique vallée, dans laquelle on a pratiqué de charmantes promenades bien ombragées au bord du *Schwoechat*, qui chaque beau jour d'un dimanche ou d'un jour de fête, retracent l'image du riant Elysée des anciens, où tous les habitans de *Bade* et une partie de ceux de *Vienne* se rendent en affluence, les rochers ont souffert d'autres dérangemens bien prononcés; les couches se sont repliées ou brisées de diverses manières, ou se sont écroulées sur elles-mêmes: dans un endroit à la rive droite du torrent, elles présentent le coup d'oeil extraordinaire d'un arc de cercle fort incliné, remplissant une vaste fente qu'elles ont tellement élargie, et dont elles ont tellement forcé et écarté les bords en s'écroulant de dessus l'un vers l'autre, que ceux-ci au lieu d'être droits et perpendiculaires, sont fort inclinés en sens inverse. (*Voyez la fig. 31*).

Enfin depuis le pied jusqu'au sommet des monts, on remarque, surtout à l'entrée de la vallée, de grandes portions de roc évidemment arrondies, offrant des espèces de vastes canelures horizontales, avec des parties creuses au dessus et au dessous d'elles, qui signalent bien évidemment ici le creusage et l'action rongeante d'eaux en mouvement et en séjour, à une élévation et à un niveau de plus d'une centaine de toisses au moins, au desus du niveau actuel des eaux de la vallée et des plaines adjacentes, au dessus desquelles elles ont ensuite aussi séjourné longtems à de beaucoup plus grandes profondeurs que leur sol, puisque comme nous l'avons vu en son lieu, on déterre dans les argiles et les sables du pays plat de la basse-Autriche, et à plus de douze toises sous la surface, des coquilles, et d'autres restes d'animaux habitants des mers. (*Voyez pag. 6 et suivantes.*)

Les mêmes traces de bouleversement et de destruction, se retrouvent encore quoique moins fréquemment en remontant les vallées, et sur la route de *Bade* au couvent de *Heiligenkreuz* (*Ste. Croix*), situé à six lieues de cette ville, très-remarquable par sa situation agreste, et dont les environs présentent des faits géognostiques qui ne le sont pas moins, et qui comme plusieurs de ceux que j'ai fait connaître dans le cours de cet ouvrage, ne semblent pas toujours cadrer avec les principes du grand *Werner*.

On distingue dans un endroit de cette route un pan de roc d'une hauteur très-considérable, percé de part en part à son sommet, en forme de ces espèces d'ouvertures ou fenêtres rondes qu'on appelle oeil de boeuf, et qui donne passage au jour dans toute son épaisseur *). La vallée se retrecit beaucoup en approchant du couvent, et devient bientôt une gorge assez étroite; les escarpements ont presque entièrement disparu, et avec eux tout le charme et toute la beauté du pays qui avoisine *Ste. Hélène*: plus de vignobles, plus rien de riant; ce ne sont que des sites monotones, des monts couverts de bois, qui ne semblent pas atteindre la hauteur d'une belle végétation caractérisant un climat doux, des angles saillans et rentrans assez fortement pro-

---

*) Ce grand et beau phénomène, dont les auteurs ce me semble n'ont pas parlé tout frappant qu'il est, se retrouve dans plusieurs pays de montagnes, toujours dans des vallées, et toujours produits par les mêmes causes. Je l'ai aussi observé à *Carlsbad* et à *Allwasser* en *Silésie*.

noncés, dénotant un courant d'abord captif en forme de lac, minant lentement des bords offrant beaucoup de résistance, jusqu'au moment, où il s'est enfin ouvert avec effort une issue à l'extrémité méridionale de son cours, car il paroit que toutes les val- lées de cette chaine de montagnes de la basse Autriche, se dirigent assez constamment du Nord au Sud.

Le mont *Schoberberg* à moitié chemin sur cette route, offre sur son revers ori- ental, une apparition à laquelle on ne s'attend point au sein de cette formation; ce sont des couches de charbon minéral, qui ont été exploitées par les moines du couvent de *Heiligenkreuz* auxquels ce terrein appartient. On dit qu'ils en ont retiré une assez grande quantité, mais ils ont abandonné et recomblé les mines qui ont été bientôt épuisées, parce que le minéral ne s'est fait voir que sous forme de nids ou de veines de peu d'étendue.

J'ai été sur les lieux pour me convaincre par moi-même du fait, mais je n'ai trouvé que des haldes très-menuisées et comme en poussière, qui n'annonçaient ni une ex- ploitation en règle, ni des couches solides et riches en bitume; J'ai cependant pu dé- terrer dans ces haldes de petits fragmens assez bien caractérisés, pour reconnaitre que ce charbon se rattache à l'espèce schisteuse, entièrement semblable à celui qui constitue ailleurs les plus anciennes formations du charbon minéral. Ici, ce charbon schisteux pa- roit très-fragile et en même tems alumineux, ce qui doit le rendre peu propre aux di- vers usages auxquels on emploie la houille. Il serait sans cela d'une bonne qualité; il a le luisant de la poix, et brûle avec une flamme très-vive. Il paroit qu'il est accompagné dans les veines ou nids qu'il forme, d'un schiste calcaire d'un gris noirâtre à feuillets droits ou courbes, qui paroit lui-même un peu bitumineux, et présente quelquefois quand on le frappe avec précaution de manière qu'il se délite facilement, des empreintes singu- lières, et ce schiste alterne sans doute avec un grès argileux ou marneux d'un bleu noir- âtre à l'extérieur, et gris-brun intérieurement avec des points noirs de houille.

Je n'ai rencontré dans ces haldes que des vestiges de ces deux dernières formations, mais j'en avais déjà vu avec surprise des escarpemens sur la route, et observé qu'elles semblent en ce pays subordonées à la formation générale et principale de ces montagnes, et encastrées entre des brèches entièrement calcaires, dont tantôt la pâte brune renferme des fragmens roulés ou cailloux blancs, et tantôt la pâte blanche des cailloux bruns; on les retrouve partout au dessus et au dessous des exploitations abandonnées dont je viens de parler.

Une autre apparition non-moins extraordainire, vient encore étonner l'observateur géognoste à un quart d'heure de distance derière le couvent de *Ste. Croix*; c'est une belle et vaste carrière de gypse, qui mérite d'être visitée. Elle a été exploitée jusqu'à présent, à une profondeur d'environ vingt-cinq pieds, et en fait voir distinctement toutes les couches à découvert. Elles sont horizontales d'un pouce et demi d'épaisseur et souvent beaucoup moins, et annoncent évidemment des couches de dépots successifs, for- més par des eaux gypseuses, dont elles attestent le séjour au sein de cette agreste contrée.

Ces couches sont fragiles, et la plupart se composent d'un gypse terreux, bleu- âtre, tachant les doigts, irrégulièrement lardé de sélénite ou de gypse lamelleux, et d'une espèce de gypse compacte blanc, qui sont lardés eux-mêmes de grains ronds ou irrégu- liers de gypse terreux bleuâtre, et ces couches sont coupées quelquefois d'un joli gypse couleur de rose qui examiné avec soin, se rattache à l'espèce du gypse fibreux, mais paroît grenu à l'oeil non armé d'une loupe, parce que ses fibres minces, courtes, et disposées en tout sens, ressemblent à autant de grains, et celui-ci, est mêlé d'écailles brillantes, ou d'espèces de cristaux de sélénite de même couleur. Enfin on rencontre plus rarement dans ces couches, des veines d'un gypse blanc strié dans deux sens en même tems; l'un parallélement au plan des veines, et l'autre perpendiculairement à ces plans.

On voit dans cette carrière une caverne qui semble être assez profonde, revêtue d'un gypse schisteux à feuillets ondés, carriés, recouverts d'espèces de concrétions blanches, souvent coloré par le fer et ocreux, fréquemment très-fragile, et qui semble être un sinter gypseux. Dans cette caverne ainsi que dans une cavernosité, et entre des fissures des couches, j'ai trouvé une espèce de bol d'un gris jaunâtre avec des parties ocreuses, se divisant en grandes écailles convexes d'un côté et concaves de l'autre, s'emboitant exactement les unes dans les autres.

Ces couches de gypse sont situées au haut d'un mamelon assez élevé, et j'ai lieu de croire, que tous les mamelons semblables que l'on rencontre depuis le couvent jusqu'à cette carrière, appartiennent à cette même formation gypseuse, qui semble avoir été autrefois un lac d'environ un quart de lieue de diamètre, et par conséquent de trois quarts de lieue de circonférence, dont le bassin et les bords sans doute en partie détruits, étaient dans le bas en grande partie de la nature d'un schiste calcaire gris cendré à l'extérieur, avec quelques herborisations assez jolies, et gris jaunâtre intérieurement, et à de plus grandes hauteurs, la pierre à chaux compacte grise, comme on peut s'en assurer aisément, par quelques escarpemens et quelques éboulemens, que l'on rencontre entre le couvent et la carrière.

Les faits nombreux, que je viens d'énoncer, prouvent incontestablement ce me semble, que le calcaire brèche de *Bade*, constituant cette branche des monts Cettiens, que nous venons de parcourir en partant de cette petite ville célèbre par ses eaux minérales, est non seulement une véritable brèche, mais que même cette formation est d'une très-grande étendue, et occupe plusieurs lieues de circuit; que sa pâte ou sa masse principale, a beaucoup de rapports tantôt avec le calcaire du *Jura*, tantôt avec les calcaires de transition et des alpes; et que les fragmens ou cailloux roulés dont elle est inégalement remplie comme nous l'avons vu, de manière qu'ils y abondent en certains endroits, et sont excessivement rares dans d'autres, se rattachent presque tous aux formations de transition, un très petit nombre à d'autres beaucoup plus âgées encore, et aucuns aux secondaires, (Voyez la déscription que j'ai donnée du calcaire brèche de *Bade*). D'où il résulte qu'il est maintenant démontré, que cette brèche appartient à une formation toute particulière, datant d'une époque bien antérieure à tout dépot secondaire, et que sa nature et sa composition, doivent faire considérer comme une brèche de transition, se rattachant même presque aux formations les plus vieilles de cet ordre.

Ce qui doit aussi désormais rendre *Bade* plus intéressant encore que jamais pour le géognoste, c'est qu'il paroit que cette même formation se rattache à un certain point à celles des brèches osseuses, (quoi qu'elle différe cependant à plusieurs égards, de celles ainsi proprement dites, auxquelles le célèbre *Cuvier* a donné ce nom. (Voyez son *rapport sur les brèches osseuses, Annales du Musée d'hist. Nat. Tom. XIII.* Ainsi que les *Observations d'Imrie sur les os des rochers calcaires de Gibraltar Trans-*

actions de la Société Royale d'Edimbourg Tom IV 1798. pág. 191.) puisqu'elle renferme de même des os fossiles; et quoique ce fait fut déjà connu depuis au moins treize ans de quelques habitans de *Bade*, comme on le verra plus loin, il est encore entièrement ignoré du monde savant, puisque aucun des écrivains, qui ont parlé de ce pays, n'en ont dit un mot; il est donc très-nécessaire de le rendre public, et de faire connoitre les ossemens les plus intéressants que l'on a déjà retirés de ces montagnes.

Ce fut en 1807 pour la première fois, que le Baron de *Lang*, faisant creuser la belle et profonde grotte ou plutôt voute souterraine, qui orne son jardin sur la montagne que l'on nomme le *Mont Calvaire (Calvariberg* *), au dessus de la jolie promenade que l'on appelle *le Parc*, les ouvriers trouvèrent plusieurs os fossiles à trois toises de profondeur, dont *M. Rollet*, que j'ai déjà cité plus haut, fit alors l'acquisition. Depuis, on retira bien encore quelques ossemens en creusant un puits beaucoup plus loin au bas de la même montagne, dans le jardin de la maison qu'occupait lors de mon séjour à *Bade*, le ministre de Portugal; mais personne ne les recueillit, et les ouvriers ignorans comme ils le sont tous, les jetèrent sans y faire aucune attention. Ce ne fut enfin que douze ans plus tard, que j'obtins la permission de rouvrir les fouilles, au fond de la voute souterraine du jardin de *Lang* qui avaient été comblées tant d'années, jusqu'à quatre toises et demie de profondeur, et j'eus le plaisir de voir mes recherches couronnées d'un succès si complet, que depuis le 22. d'Août jusqu'au 22. de Septembre 1820, ces fouilles me livrèrent plus de quatre cents fragmens d'os fossiles, avec quelques uns entiers ou presque entiers, qui ordinairement étaient des dents de divers mammifères.

La manière la plus efficace de faire connaître des objets de cette nature, est d'en donner des dessins, que l'on trouvera à la fin de cet ouvrage, en rapportant chaque objet à la description que je vais en faire.

Le morceau le plus remarquable sans doute par son intégrité et sa conservation, est un crane presque entier, qui doit avoir appartenu à un animal de la grandeur à peu près du glouton, qui se trouve dans la possession de *M. Rollet*.

Un autre morceau non-moins intéressant, qui était également en sa possession et qu'il m'a cédé, est une grosse dent molaire, qui a évidemment appartenu à un rhinocéros. Elle est malheureusement un peu endommagée, et l'on s'est amusé à tailler les bords de la couronne; celle-ci présente deux espèces de croissans presque l'un dans l'autre, et la dent a dans son milieu sur sa longueur, un lobe très-profond qui semble la diviser en deux. Elle est entiérement déchaussée d'un côté, de sorte qu'elle paroit là en entier avec deux de ses racines, et est très mobile dans les alvéoles de la portion de l'os de la mâchoire qui la porte, et qui auprès de la dent de l'autre côté, fait encore voir les alvéoles de deux racines d'une autre dent. Je me suis assuré en la comparant avec celles d'une tête de rhinocéros conservée au musée de l'université de *Vienne*, que c'est une des molaires de la mâchoire inférieure, dont elle ne diffère que par le sillon plus profond qui règne dans son milieu sur toute sa longueur, sur sa face intérieure, et par ses dimensions plus grandes que celles des mêmes parties osseuses du rhinocéros que nous connaissons aujourd'hui, semblant annoncer que l'animal fossile était plus grand.

---

*) C'est le même *Mont Calvaire* riche en belles pétrifications, dont j'ai parlé plus haut en son lieu.

Les figures que j'en donne, la représentent sous trois aspects: fig. 32 de manière à en faire voir la couronne; Fig. 33. en profil; et fig. 34. du côté où on la voit entière avec deux de ses racines en évidence.

Les fouilles que je fis faire en Août et Septembre, me produisirent aussi une dent semblable et des fragmens de plusieurs autres, qui semblent prouver qu'à l'époque où ces ossemens furent enfouis dans le sein de la montagne, cet animal ne devait pas être fortrare dans cette partie de l'Europe, et peut-être moins-même que l'espèce de l'éléphant dont on rencontre ici aussi comme nous le verrons bientôt des restes, mais à ce qu'il paroit très-rarement.

La dent assez entière pour-être très-reconnaissable que m'ont donnée ces fouilles, est cependant fort endommagée, mais ses racines sont bien conservées, au nombre de deux très-larges et un peu concaves dans leur milieu. Elles sont d'un jaune fanve, happent à la langue ainsi que la substance renfermée entre les lames de l'émail encore très-blanc, d'un aspect terreux, et souvent couvertes de petites herborisations noires. Mais ce que ce morceau offre de particulier c'est une portion de masse pierreuse, entre laquelle et cette dent, est une brèche à petit grain, friable, dont le ciment est le calcaire de *Bade* pulvérulent ou, décomposé, adhérente à cette dent. La pierre est jaunâtre à l'extérieur et blanche intérieurement, happe fortement à la langue, à un éclat cireux sans luisant, est lamelleuse à lames convexes, qui dans certaines cassures, sont disposées de manière à produire une texture rayonnée, et dans d'autres offre des parties romboïdales. Elle fait effervescence avec les acides, est fragile, et se rompt assez facilement à ses bords en petites esquilles, qui dans l'eau, laissent échapper quelques bulles, et deviennent en peu de momens transparentes et d'un beau jaune de citron.

Ce rhinocéros fossile, constituait sans doute une espèce différente des nôtres, qui n'existe plus, et ce qui semblerait le confirmer, c'est que ses molaires paroissent avoir été toutes conformées de même, puisqu'on n'en trouve que de semblables, et point de celles pareilles aux dents des mâchoires supérieures des rhinocéros d'Asie et des Indes, beaucoup plus grosses, plus massives, et autrement conformées; et l'on n'a point rencontré non plus avec le grand nombre de ces dents ou plutôt de leurs fragmens, rien qui ressemble à la corne de cet animal.

Je possède la seule dent molaire assez entière d'une espèce d'éléphant ou monmouth, qui ait été trouvée dans ces fouilles. Elle diffère de toutes les molaires d'éléphant fossiles connues, non-seulement par sa moindre grandeur, puisqu'elle est bien plus du double plus petite dans tous les sens, et près de trois fois plus mince, mais aussi par d'autres caractères qui lui sont propres. Sa forme générale n'est point celle commune d'un quarré long, elle n'est point épaisse comme elles le sont toutes, mais c'est une sorte d'ovoïde comprimé, puisque ses extrémités dans le sens de sa largeur sont arrondies comme on le voit fig. 35. A la vérité une des extrémités manque, mais celle qui reste, est si bien conservée, qu'elle suffit pour se faire un juste idée de celle qui n'existe plus. Les grosses lames dont se compose cette dent, sont fort comprimées vers sa couronne, et très-épaisses sur le reste de leur longueur, surtout vers les racines; elles sont arrondies en dehors comme des tuyaux cilindriques, et striées et comme ridées profondément sur leur longueur, et moins profondément transversalement, à rides fines et serrées. Une seule de ses racines ne tient point aux autres, est au contraire isolée, cilindrique, un peu arquée en dedans. La couronne fait voir des rubans comme ceux du monmouth, mais très-étroits, et non ondés, et festonnés si faiblement, que si l'on n'y fait bien attention, ils paroissent presque droits. On ne peut guères douter d'après cette description, que cette molaire n'ait appartenu à une espèce inconnue et détruite, beaucoup plus petite que les autres espèces de l'éléphant. Elle est en partie incrustée d'une matière pierreuse, qui en masque à un certain point les formes. La fig. 35. la représente de manière à faire voir sa couronne, mais le peintre à donné trop de largeur aux rubans, qui sont une fois plus étroits, et trop fortement prononcé les festons de leurs bords. La fig. 36. la représente de manière à faire voir ses racines.

Je donne fig. 57 et 38. sous deux aspects différens, le dessin d'un fragment d'une semblable dent molaire, sur lequel les rides dont j'ai parlé dans la description de la précédente sont plus fortes et plus sensibles, qui avait été trouvé avant cette dent, et que je n'ai pu reconnaitre pour être un fragmeut d'une pareille, que par le moyen de la comparaison.

Outre cette dent et ce fragment, j'en reçus une autre deterrée deux mois plus tard dans les mêmes fouilles, malheureusement plus endommagée que celle que je viens de décrire, et recouverte en grande partie d'une croute calcaire, même la couronne, que cette croute a entiérement masquée.

Une autre morceau retiré des dernieres fouilles est très-singulier: C'est une dent fig. 39. malheureusement manquée, surtout pour les détails de sa couronne, qui paroit entière et bien terminée à une extrémité de sa longueur, tandis qu'elle est endommagée à l'autre. Elle est plate, et n'a pas plus de six lignes d'épaisseur; elle paroit composée de lames comme les dents de l'éléphant, mais dans le sens de sa longueur et non disposées transversalement, et tellement ondées en sens opposés, qu'elles se rencontrent pour figurer ensemble des espèces de tuyaux, qui présentent la forme de quatre à cinq tuyaux d'orgue, qui seroient terminés par leurs orifices formant la couronne, et qui font voir autant de parties creuses. Ces espèces de tuyaux sont aussi quelquefois fondus les un dans les autres, ce qui produit des creux alongés sur la couronne, entourés de l'émail un peu gris. Cette dent comme la plupart de celles fossiles des environs de *Bade*, est recouverte d'une sorte de tuf ou incrustation calcaire.

Une autre dent remarquable (fig. 40) à environ trois pouces de longueur, et si elle était entière, environ un pouce et demi de largeur. Le corps de la dent proprement n'a que quinze lignes de longueur, tandis que les racines seules ont deux pouces. Ces racines sont au nombre de deux, dont l'une est creusée en forme de gouttière à son côté intérieur, et l'autre plus large, paroit composée de deux réunies. La couronne n'a qu'un large sillon sinueux. Tout ce qui n'est pas émail (car l'émail dans toutes ces dents fossilles, conserve toujours plus ou moins sa fraicheur), a été converti en une sorte de marne jaunâtre, recouverte de petites herborisations noires.

Je n'ai malheureusement qu'un grand fragment composé lui-même de deux que j'ai réunis, d'une dent qui devait être volumineuse, et devait appartenir à un grand animal: on y voit encore une très-faible portion de la bâse des racines, depuis laquelle ce beau fragment fig. 41. à deux pouces de longueur, et vingt lignes de plus grande largeur.

Parmi les dents fossilles que fournissent les profondeurs du *Mont Calvaire*, il en est une, qui doit avoir appartenu à un mammifère dont l'espèce était sans doute fort nombreuse, avant l'époque désastreuse, de la révolution qui a enfoui tant d'ossements dans les entrailles de la terre, puisque l'on a rencontré ces dents qui sont certainement des molaires, en grande abondance et près de *Bade,* et comme nous le verrons plus bas , aussi dans d'autres terrains de la basse Autriche ; j'en possède moi - même plusieurs exemplaires provenant des fouilles que j'ai fait faire, et ce qu'il y a de vraiment singulier, c'est que l'animal qui avait de semblables dents paroit n'en avoir eu ni de canines, ni d'incisives dans la bouche, puisqu'on n'en trouve jamais aucun vestige. Elles sont communément tronquées et endommagées vers leurs racines, où se trouvent leurs parties les plus minces, tandis que partout ailleurs elles sont d'une grande épaisseur. Elles varient dans leurs dimensions ; la plus longue a plus de trois pouces de longueur ; leur forme , est celle d'un prisme quadrilatère sensiblement arqué, dont deux faces opposées (les faces antérieures et postérieures) sont plus larges, et deux autres faces opposées (celles latérales) sont un peu plus étroites, les deux premières ayant environ un pouce et demi de largeur, et les autres un pouce et un quart. La face antérieure , présente deux cannelures si profondes qu'on peut y enfoncer le petit doigt de la main, séparées par une arête saillante, ayant elle même une faible cannelure dans son milieu. La face postérieure , fait voir sur toute sa longueur, une espèce d'appendice large environ d'un demi pouce, avec une épaisseur d'environ trois lignes, et une cannelure peu profonde dans son centre, et ce qu'il y a encore de singulier, c'est que des deux faces latérales, l'une fait voir une cannelure peu profonde vers sa partie antérieure, et l'autre une plus profonde vers sa partie postérieure. La couronne est ornée de sillous sinueux, offrant à peu près la figure d'un lys de blason ; *voyez les fig.* 42 et 43. qui montrent cette dent sous deux aspects différens.

Une autre variété de cette molaire est fort applatie mais inégalement, ayant près d'un pouce d'un côté et seulement un demi pouce de l'autre d'épaisseur. Il y a sur la face antérieure une cannelure assez profonde, et deux autres qui le sont peu surtout l'une des deux ; la face postérieure, n'a qu'une cannelure assez profonde au milieu. La couronne, ne diffère guères de celle de la dent précédente que parcequ'elle est comprimée , *voyez la fig.* 44.

Cette espèce, paroit se rapporter à celles décrites et figurées dans le Journal de Physique de 1783 du mois d'Octobre, dans le *Voyage physique et minéralogique de Bruxelles à Lausane* Planche 1. fig. 3. et 4. et Pl. 1. fig. 1. et 2. du *traité sur la Turquoise de Gottschalk Fischer*, qui l'on ne sait pourquoi a supposé à ses dents une longueur extraordinaire qu'elles n'ont jamais, exprimée par des prolongemens au trait, et l'on conçoit encore moins, pourquoi il a placé de secondes couronnes aux extrémités de ses prolongemens , de sorte qu'il est impossible de comprendre comment il voulait qu'elles fussent implantées dans leurs alvéoles, dans les mâchoires de l'animal auquel elles appartenaient ? Il paroit pourtant impossible qu'un zoologue comme *Gottschalk Fischer*, puisse ignorer que toute dent de mammifère a des racines et n'a qu'une couronne *). Les

---

*) Un chymiste Prussien renommé par ses nombreuses analyses chymiques , a dit-on converti des os fossiles en turquoises par voie sèche au chalumeau, dans une séance de la société des naturalistes de Moscou ; mais il n'a certainement pu obtenir d'autre résultat de cette expérience, que celui que j'ai obtenu avec moins d'appareil, un dégré de chaleur bien moins grand, et plus de facilité à la simple flamme d'une chandelle, en faisant chauffer fortement et même rougir un moment, des fragmens d'os fossiles des environs de *Bade*, tant dents qu'autres, qui en effet prennent une teinte bleue très-marquée, mais ne sont pas turquoise pour cela, puisque cette teinte n'est que superficielle , qu'intérieurement ils se charbonnent toujours plus ou moins , devien-

dents turquoises de *Fischer*, doivent se trouver à *Miask* en *Sibérie*, et un de mes amis, *l'Abbé Libert*, dont l'obligeance égale l'adresse et l'intelligence à trouver des choses intéressantes, a détaché une dent absolument semblable et maintenant en ma possession, d'une fissure des rochers de *Burkersdorf*, dont j'ai fait connaître les pétrifications végétales, et qu'on ne devait guères s'attendre à rencontrer au sein d'une formation pareille, où l'on n'avait point encore vu d'os fossiles.

Lesdernières fouilles m'ont aussi donné une dent qui semble avoir beaucoup de rapports avec les précédentes, et se rattacher à une variété ou peut - être à une espèce voisine du même animal, qui malheureusement ne paroît pas être entière, et semble endommagée vers les racines, qui cependant a environ quatre pouces de longueur, un et demi de plus grande largeur, et un peu plus d'un de plus grande épaisseur; elle diffère principalement des dents que je viens de décrire, parce qu'elle est fortement arquée : les fig. 45 et 46, la représentent sous deux aspects différents.

Il paroît au reste à en juger par plus de vingt exemplaires de ces dents que je possède, qu'elles ont beaucoup de rapports entre elles, appartiennent peut - être toutes à cette même espèce, et ne sont que des variétés de molaires du même animal, qui varient en raison de leur position dans la bouche et de l'âge de l'individu, comme les molaires de presque tous les animaux : ainsi il y en a d'épaisses comme celles que j'ai déjà décrites et dont je donne les figures; d'autres, où la forme prismatique disparoit plus ou moins parce qu'elles sont comprimées, d'autres tout - à - fait plates et minces ; les unes, avec le nombre de sillons que l'on voit à celles que j'ai décrites, et d'autres plus nombreux.

Le hazard m'ayant favorisé en m'offrant une de ces dents rompue par le milieu transversalement, j'ai été à même de reconnaître sa structure intérieure que je n'aurais pas soupçonnée. Elle est composée comme les dents molaires de l'éléphant, de lames ou couches successives de matière vitreuse ou émail, réunies par un cément jaune ou même blanc, lorsqu'elle est encore bien fraiche, comme un petit nombre de celles que je possède ; mais au lieu d'être transversales droites comme dans les molaires de l'éléphant, elles sont ici irrégulièrement circulaires, et concentriques en deux sens opposés, sur deux moitiés égales de cette dent. On compte six de ces couches successives d'émail et de ce cément, dont la dernière forme comme un long ruban jaune, coupé exactement en deux, par les couches ou bandes d'émail au point de leur rencontre, où elles se sont réunies au centre de ce ruban, à cause de l'étranglement que produisent dans cet endroit, les deux profonds sillons longitudinaux, qui règnent au milieu des deux côtés des larges faces de cette dent, de manière que la forme totale qui résulte de cette singulière texture, imite assez celle d'une cocarde.

---

nent bruns et même presque noirs, et que poussés à ce même feu si peu violent, ils deviennent blancs, très - fragiles, et presque friables. D'ailleurs cette couleur bleue n'approche pas de celle de la turquoise, et tire davantage ou sur le blanc, ou sur celle de l'ardoise; non content de cet essai décisif, je répétai cependant l'expérience au chalumeau, et elle ne m'offrit rien de plus satissaisant. J'obtins il y a nombre d'années un autre résultat en cémentant des os de boeuf non fossiles mais bien secs, avec du charbon en poussière dans des vaisseaux bien clos, et publiai mes expériences dans le Journal qu'écrivait alors l'abbé *Bertholon* : mais la couleur que je donnais à mes os, quoique très intense, n'était point encore le bleu turquin, mais un bleu de Roi assez beau. M. *Kawanka* un des premiers officiers du collège des mines à St. Petersbourg, est parvenu à imiter au naturel les turquoises osseuses par voie humide, mais c'est au moyen d'une dissolution de cuivre.

Je possède un fragment d'un os de mâchoire, auquel adhérent encore deux jolies dents, dont les couronnes sont armées de pointes mousses, qui appartiennent à un mammifère carnivore, et à ce qu'il paroit à une espèce d'ours dont je donne le dessin fig. 47.; l'une de ces dents sort facilement de son alvéole en entier, et toutes les deux ont conservé leur émail dans toute sa beauté; néanmoins elles sont si calcinées qu'en ayant pressé une un peu fort entre les doigts, elle s'est cassée en deux.

Une autre dent isolée fort belle, dont la couronne est encore armée de pointes mousses, et qui ne diffère des précédentes que parce qu'elle est beaucoup plus grande, doit aussi avoir appartenu à une espèce d'ours, et si je ne me trompe, à celui dont on trouve des cranes entiers dans certaines grottes d'Allemagne, et notamment près de *Bareuth*, dont on voit une très - belle collection au beau musée de l'université de *Berlin*, et que les naturalistes allemands ont nommés en conséquence ours de grottes, *Höhlen - Bär* *Voyez la fig.* 48.

Une autre petite dent à deux racines, et couronne à pointes mousses, semble avoir appartenu à un petit mammifère carnivore. *Voyez la fig.* 49.

Trois jolis fragmens de mâchoire garnis de plusieurs dents molaires, semblent avoir appartenu à une espèce très-voisine de celle du chameau. Les dents sont épaisses, et les couronnes ornées de sillons profonds, dont les bords saillans sont comme tuilés. Je donne les dessins du plus beau de mes fragments sous deux aspects différents. L'émail seul comme dans toutes les dents fossiles de ces montagnes, est bien conservé.

La figure 51. foit voir les côtés de ces dents, qui dans la bouche de l'animal regardent en dehors; mais je dois avertir, que le peintre n'a pas rendu exactement la nature : les doubles sillons longitudinaux de chaque dent, séparés par une saillie ou arête fort prononcée, plus ou moins mince, qui caractérise cette partie de la molaire du chameau, ne sont pas bien exprimés. La fig. 5o donne le côté intérieur de la mâchoire et des dents, tourné vers l'intérieur de la bouche *).

Ces mêmes fouilles ont produit une variété plus petite de ces dents garnissant encore un reste de mâchoire (fig. 52), appartenant sans doute à une variété plus petite du même animal, ou peut-être à un plus jeune individu.

Il paroît par un fragment de mâchoire fossile garnie encore de deux dents, qu'on m'apporta le 28 Fevrier 1821, qu'il existait jadis une autre espèce de chameau, ou une espèce voisine un peu différente, dont les dents étaient plus larges : celles de la mâchoire dont je parle, ont environ un pouce et demi de largeur, et seulement un pouce et quelques lignes de longueur et demi pouce d'épaisseur.

Ces memes fouilles encore, ont fourni de singuliéres dents entièrement calcinées,

---

*) *Vienne*, n'offre pas toutes les ressources que l'on pourrait désirer en fait d'ouvrages d'anatomie comparée; les bibliothèques publiques ne les renferment pas tous, et je n'ai par exemple pas pu trouver à la bibliothèque Impériale du château ou *Bourg*, le grand et bel ouvrage sur l'anatomie comparée de *Cuvier*, et les bibliothèques particulières et les librairies, n'en offrent presque aucun; c'est donc sur la nature elle même qu'il faut étudier cette partie. On voit des morceaux d'ostéologie très-rares et très-précieux dans les musées publics; le musée Impérial possède une tête d'hyppopotame; celui de l'université, foit voir la tête d'un rhinocéros, et le squelette d'une girafe, dont on voit aussi l'animal empaillé dans les collections zoologiques du Bourg ou château Impérial, qui présentent plusieurs autres objets remarquables, et que l'on ne rencontre pas souvent ailleurs.

d'un animal inconnu à ce qu'il me semble. Elles ressemblent au premier coup d'oeil à des défenses de cochon fort petites, sont arquées, applaties par les côtés, et sou vent tellement encroutées d'une matière calcaire ou de sable, qu'on ne peut d'abord en reconnaître ni distinguer la couronne qu'avec beaucoup de peine. L'émail paroit en constituer toute la croute extérieure assez mince, et former un noyau plus petit dans son centre figuré comme elle, et ces lames minces d'émail, semblent renfermer chacune une partie osseuse. J'ai eu le bonheur de me procurer une portion de mâchoire avec six dents d'une conservation parfaite, qui doit avoir été trouvée dans le comitat de *Trentchin* en *Hongrie* en creusant un puits, tout-à-fait semblables à celles des environs de *Bade* dont je parle, et qui par leur position à l'extrémité de cette mâchoire, et leur forme remarquable de prisme comprimés par les cotés (et très-comprimés dans plusieurs de celles du *Mont-Calvaire*), doivent-être considérées comme des incisives d'une très-grande espèce de rongeur. Elles ont absolument la même forme que les dents fossiles faisant l'objet de cet article, et sont d'une très-grande fraicheur, l'émail en est encore très-beau et très-éclatant. *) Une portion de leur longueur (à peu près la moitié), fait la fonction de racine, et est implantée dans les alvéoles. Depuis que j'ai fait dessiner ces dents, j'en ai reçu de beaucoup plus grandes (de la même grandeur à peu près que celles de la mâchoire fossile de hongrie), et d'environ trois pouces de longueur, et un tiers de pouce de largeur. Il a donc existé deux variétés de taille ou d'âges de cette espèce, qui ne devait pas être rare, puisque j'en ai obtenu des dents à trois différentes fois et que j'en ai dix en ma possession. Celle, dont je donne le dessin *fig.* 53. a environ deux pouces et demi de longueur, elle est un peu endommagée comme presque toutes celles que l'on a déterrées.

Une autre dent *fig.* 54 parait être une dent molaire d'une espèce ou d'une variété de cheval différent du nôtre, comme on peut aisément s'en convaincre par la comparaison. J'en ai reçu plusieurs autres depuis, et il est digne de remarque qu'ici comme en d'autres pays, on a trouvé avec les ossemens de grands mammifères, d'éléphants, de rhinocéros, etc. etc. aussi des ossemens de cet autre animal qui devait être fort semblable à notre cheval : je possède six molaires ou leurs fragmens fossiles et calcinés, toutes pareilles à celles du cheval, provenant des fouilles si intéressantes du *Mont-Calvaire*, appartenant à cette partie de ces montagnes que l'on nomme mont de *Bade* (*Badner-Berg*).

On a rencontré rarement des dents incisives dans ces fouilles ; j'en posséde cependant une, dont je donne le dessin *fig.* 55. On en a trouvé aussi une assez semblable dans des terreins argileux, ou de terre à briques, ce qui prouve que le même animal, vivait dans ces contrées à deux époques différentes, et sans doute séparées l'une de l'autre par une immensité de siècles.

Je ne sais au juste dans quel ordre de dents il faut placer celle *fig.* 56. et 57. vue de deux côtés opposés, qui malheureusement est fort endommagée, mais dont ce qui reste seulement un peu jauni, est très-bien conservé, et fait voir deux sillons très-profonds, renfermés entre trois arêtes très-saillantes et très-sensiblement arrondies et arquées.

La figure 70. porte ce numéro par inadvertance et il eut été trop tard pour le changer,

---

*) Elles sont encore recouvertes d'une espèce de tartre doué d'un éclat metallique.

puisqu'il aurait fallu intervertir l'ordre de tous les autres. Le peintre a aussi commis une erreur de son côté, en présentant sous un point de vue différent de celui sous lequel il fallait le présenter cet os, qui offre un fragment très-remarquable de la partie de la mâchoire inférieure d'un gros animal, dont l'extrémité *c* endommagée et tronquée, s'articulait avec l'os jugal de la tête de cet animal, et qui par conséquent dans la figure que j'en donne, devrait faire voir sa partie supérieure *a* sous laquelle se trouve placé le Nro. 70. en *b* qui en offre la partie inférieure. Cet os de mâchoire, semble différer beaucoup de tout autre pareil, chez la plupart si non chez tous les mammifères que nous connaissons, premièrement, par sa forme très-plate proportionellement à sa grandeur e sa grande largeur, qui va toujours en augmentant vers sa partie postérieure où elle est environ de plus de trois pouces, et enfin par l'épaisseur de sa proëminence ou de son condile *e*, et secondement, par le peu de courbure qu'il a depuis la dernière dent *d* de l'intérieur de la bouche dont il existe encore un reste, jusqu'à son extrémité postérieure *c* de manière que cet espace de *d* en *c* n'offre proprement qu'une ligne inclinée presque droite, et qu'au lieu de former vers son extrémité inférieure un coude plus ou moins arrondi, cet os formerait s'il était entier, un angle presque droit, comme l'exprime le prolongement au trait que j'ai tracé, et qui supplée aux parties qui manquent dans cet endroit. La dent *d* qui n'est qu'un fragment fort endommagé, tient à peine dans son alvéole, et sa racine a environ un pouce de longueur, le corps de la dent, qui ne fait point voir d'émail, peut-être parce qu'elle est toute recouverte d'une écorce calcaire blanche, n'a dans son état actuel, que le tiers de cette longueur: Le reste de la cavité ou de l'alvéole qui la renferme, et dont on voit les contours de *f* en *g*, prouve, que toute la dent était épaisse et large, car cette cavité a environ deux pouces dans le sens de la dimension *f. g.* dont je viens de parler. Je laisse à des anatomistes plus versés que moi dans la science de l'anatomie comparée, à décider, à quelle espèce d'animal qui semble avoir été un mammifère, cette portion de mâchoire singulière peut avoir appartenu.

Enfin, plusieurs des fouilles du *Mont-Calvaire*, m'ont donné des fragmens et des exemplaires entiers de petites dents, dont plusieurs ont peut-être appartenu à des espèces de cerf, de daims ou d'antilopes, dont je donne les dessins fig. 53—63.

Mais ce ne sont pas seulement des dents restes de mammifères, qui nous offrent des monumens irrécusables d'un vieux monde entièrement détruit, et d'autres fouilles du *Mont-Calvaire* près de *Bade*, m'ont cette fois fourni aussi des dents de ces dangereux reptiles, qui de nos jours, n'existent que dans des climats brûlàns, et le long des bords du *Nil* et du *Gange*, et dans l'Amérique méridionale.

La figure 64. représente une de ces dents, qui semble avoir appartenu à une très-grande espèce de crocodile, comme le prouve la comparaison avec de semblables dents fossiles isolées ou implantées encore dans des portions de mâchoires, qui se voient aux musées de *Harlem*, de *Dresde*, et ailleurs.

Celle-ci beaucoup plus grande que les autres, paroit avoir appartenu à un animal beaucoup plus grand; elle est très-entière, très-bien conservée, et présente la forme d'un cône creux un peu arqué; elle a environ un pouce et demi de longueur, et son émail un peu brun, est encore dans toute son intégrité. La racine un peu tronquée à son extrémité, a environ deux pouces et demi de longueur. J'en possède une autre semblable encore, mais qui n'est qu'un fragment, et n'a plus sa racine.

La figure 65 représente une autre dent que je ne sache pas avoir encore été trouvée fossile, d'environ quinze lignes de longueur, de forme conique, très-épointée à son extrémité, très-arquée, et très-remarquable, parcequ'elle est entièrement creuse avec un orifice rond et si petit à sa pointe, qu'il est à peine sensible à l'oeil non armé, et que le dessin que j'en donne fait cependant voir. Cette conformation, qui est absolument celle de ces dents conduits du venin de certains serpents, que l'on nomme *crochets*, ne peut guères laisser de doute que celle que je fais connaitre, n'ait appartenu à quelque grande espèce de serpent vénimeux, peut-être une ospèce de *Crotalus* ou serpent à sonnette.

Les dents qui sont les parties osseuses les plus caractéristiques des espèces animales, surtout des mammifères, ne sont pas les seuls restes d'animaux retirés des fouilles que j'ai fait faire sur le *Mont-Calvaire*, et l'on y a déterré aussi nombre d'autres os fossiles, dont je vais faire connaitre les plus marquans et les mieux conservés.

Figure 66 Un gros fragment d'os avec ses condiles bien prononcés, qui doit avoir appartenu à un très-grand animal.

Figure 67 Autre fragment pareil, mais doué de dimensions moins considérables.

Figure 68 Une tête d'os d'un grand animal, remarquable par la grande saillie de ses condiles, et la profondeur des cavités dans lesquelles s'articulait sans doute un autre os, et la minceur de son tissu spongieux, au centre duquel est une cavité médullaire énorme, et de plus de deux pouces de plus grand diamètre comme le fait voir la fig. 69., représentant cet os de grandeur naturelle, comme la plupart de ceux dont je parle dans cet ouvrage.

Figure 71 est un fragment d'une côte très-grande, ayant certainement appartenu à un grand animal, brisé lui-même sans doute par les ouvriers en le retirant des fouilles en quatre autres fragmens que je possède, y compris celui dont je donne la figure : tous heureusement se rapportent encore fort bien les uns aux autres, et placés bout à bout, donnent déjà deux pieds de longueur. La forme de cet os, sur l'un des côtés duquel régne une rainure, ressemble beaucoup comme je l'ai reconnu à celle des côtes du cheval, mais cette rainure dans l'os fossile est moins profonde et moins régulière, et l'os lui-même plus cilindrique, semble avoir appartenu à une espèce peut-être très-voisine mais beaucoup plus grande. Depuis, on a trouvé dans ces mêmes fouilles un autre os fossile et calciné, que sa forme arquée annonce incontestablement être aussi une côte, mais d'une grosseur telle que n'en font voir aucunes de celles d'aucun mammifère, car il est très-remarquable que les côtes de l'éléphant et du rhinocéros, malgré l'énorme taille de ces quadrupèdes, sont très-minces, très plates, et ne sont guères plus épaisses qu'une lame de couteau dans sa plus grande épaisseur, tandis que cet os fossile est au moins trois fois plus épais qu'une côte de cheval, et présente la figure d'un gros cilindre fort comprimé, dont les faces latérales (du moins l'une des deux la seule entière), sont applaties ; c'est un fragment d'environ dix pouces de longueur et deux de largeur, semblant avoir été au moins trois fois plus long, et je possède maintenant moi-même un os intéressant qu'on m'apporta le 28. Janvier 1821, trouvé peu de semaines auparavant dans les mêmes montagnes, très-propre à servir de pièce de comparaison avec celui que je viens de décrire, pour faire voir la différence qui existe entre cette grosse côte, et celles de l'éléphant ou du rhinocéros, puisque l'os dont je parle en ce moment, est certainement un fragment de côte appartenante à l'un de ces colosses du règne animal. Ce fragment d'une conservation si extraordinaire, qu'il ne fait voir d'autre altération que d'avoir bruni dans quelques endroits, peut avoir vingt pouces de longueur et vingt huit lignes de plus grande largeur, est plat, plus gros vers l'un de ses bords que vers l'autre, à peu près dans le même rapport que les deux épaisseurs d'une grosse lame de couteau: il y a vers la partie la plus mince et sur une partie de la longueur de ce fragment, une rainure en forme de gouttière.

De très grosses vertèbres venant des mêmes fouilles, appartiennent encore sans doute au même animal: j'en possédais déjà une semblable moins bien conservée et calcinée, trouvée à la fin d'Octobre ou au commencement de Novembre 1820 sur le *Mont Calvaire*, au fond de la même grotte dont j'ai fait mention plusieurs fois, découvertes qui doivent en faire espérer d'autres, qui nous donneront peut-être un jour les diverses portions du squelette de cet animal. Je n'ai pu à mon grand regret, faire dessiner ces divers ossemens fossiles ainsi que plusieurs autres dont je fais une mention plus ou moins ample dans cet ouvrage, parceque celui-ci était déjà achevé et livré à l'impression.

Figure 71 + Os, auquel il paroit difficile d'assigner sa place dans un squelette, mais qui semble se rattacher aux osselets du carpe ou du tarse d'un assez grand animal.

Figure 72 Fragment d'un os long, un peu arqué, et assez mince, qui pourrait être un fémur ou un os semblable de quelque grand oiseau.

On a aussi déterré un petit nombre d'os fossiles dans la vallée de *Ste. Hélène*, sous les ruines du château de *Rauhenstein*, où l'on a ouvert en secret des fouilles à différentes reprises, cédant à l'avidité du gain, et au préjugé qui règne partout à l'égard de semblables ruines, qu'il existe des trésors enfouis dans leur sein: on y a creusé à peu près à deux toises de profondeur, et je ne parlerai que des deux morceaux suivans qui sont en mon pouvoir.[1]

Figure 73. Est un de ces os remarquable par ses dimensions, et paroit avoir appartenu à un grand animal. Ce n'est comme on voit qu'un fragment qui a près de neuf pouces de longueur, et deux de largeur. Il est calciné et a bruni en grande partie. Il est recouvert superficiellement dans sa partie creuse, d'une poussière blanche, qui prouve à ce qu'il paroit un gissement semblable à celui du *Mont-Calvaire*, et qu'il est de même enveloppé dans un calcaire pulvérulent.

Une chose singulière, c'est que quoique l'on n'ait pas rencontré dans ces montagnes de dent fossile se rapportant à l'espèce du boeuf commun, on a cependant trouvé dans les fouilles du château de *Rauhenstein*, une dent fig. 74 et 75 qui ressemble entièrement à celles de nos veaux. Elle est brune et n'est point calcinée du tout.

Rarement ces os sont plus ou moins conservés et frais encore, comme quelquefois ceux de la vallée de *Ste. Hélène* surtout, d'où vient la dent de veau dont je viens de faire mention, qui est dans un tel état de conservation, mais en général, ils sont (surtout ceux du *Mont-Calvaire*), si calcinés et décomposés, qu'ils se brisent sous l'instrument de l'ouvrier, et qu'on peut rarement se flatter de les obtenir entiers; je possède même un fragment d'os très-épais, qui doit avoir appartenu à un grand animal, tellement calciné qu'il a passé à l'état de craye, et que ce n'est qu'avec beaucoup d'attention qu'on en reconnoit la texture; ils sont aussi presque toujours enveloppés de carbonate de chaux pulvérulent, ou ce qu'on appelle sable dans le pays et emploie comme tel.

Il est cependant des accidens locaux, dont il est bien difficile de rendre raison. Parmi plusieurs morceaux que je reçus le 30 Octobre 1820, venant de nouvelles fouilles faites sur le *Mont-Calvaire*, à quatre toises et demie de profondeur, dont le plus grand nombre était décomposé, il y en avait dans un état d'intégrité et de fraicheur si parfait et si étonnant, que j'eusse été tenté de douter qu'ils fussent vraiment fossiles, s'il ne s'y en fut rencontré aussi de ceux, qu'on avait déjà vus dans un autre état, appartenant évidemment à des espèces inconnues. Ces os fossiles remarquables, étaient une dent se rapportant aux Nos. 42, 43 et 44. du *Mont-Calvaire* que j'ai décrits, et à la variété à profondes cannelures, d'une conservation si extraordinaire, que l'on eut dit qu'elle n'avait été enfouie que depuis peu de tems: une autre dent, qui se rapporte à mon No. 54. dont toutes les parties sont aussi extrêmement bien conservées, et qui fait voir même des portions de tendons et de membranes encore flexibles; elle est plus grande que le No. 54, les sillons de la couronne sont plus prononcés, et il est à croire qu'elle appartenait à un individu plus âgé; un fragment d'une très grande côte, et un autre d'un os long et un peu arqué, semblable à mon No. 72 qui paroit avoir appartenu à la même espèce, blanc comme l'ivoire, et comme poli naturellement.

Les os fossiles de la chaîne des monts cettiens, offrent évidemment deux sortes de gissemens: gissement général ou de formation, et gissement accidentel: c'est au dernier sans doute qu'appartiennent ceux isolés, et semés çà et là excessivement rarement dans quelque fissure de rocs, comme la dent trouvée dans une fissure d'un rocher à *Burkersdorf*, que nous avons observée plus haut *pag.* 25, et où ils auront été entrainés et enfouis, en vertu de circonstances particu'ières et locales. Quant aux gissements de formation, ils ressemblent beaucoup à ceux des brèches osseuses en filons qu'a fait connoitre *Cuvier*, car les ossemens fossiles des environs de *Bade* comme ceux de *Cette* et de *Nice*, et aussi de *Gibrallar*, remplissent des fentes d'une profondeur qu'à *Bade* on ne peut selon le rapport des ouvriers que j'ai employés atteindre, et constituent par conséquent de même de véritables filons osseux, sans être cependant de même des brèches osseuses, quoique logés dans le calcaire brèche de *Bade*, puisqu'ils ne sont point enclavés et renfermés dans une pierre semblable, mais dans le calcaire pulvérulent ou l'espéce de sable calcaire de ce pays, qui remplit ces fentes.

La plûpart de ces filons sont remplis d'un sable tout blanc; mais quelquefois ils en offrent successivement et comme par veines distinctes, de blanc et de ferrugineux d'un jaune tirant sur le brun, et les os fossiles que ce dernier renferme, sont non-seulement de la même couleur sauf quelques exceptions dont j'ai fait mention deux paragraphes plus haut, en faisant connoitre des morceaux venant d'un filon semblable, nouvellement découvert et exploité sur le *Mont-Calvaire*, mais aux formes extérieures et à la texture près qu'ils ont très-bien conservées, ils sont souvent tellement dénaturés, quils offrent une substance particulière, et des masses un peu élastiques entre les doigts quand elles ne sont pas trop épaisses, jusqu'à ce qu'elles s'y brisent, à peu près comme des morceaux de liège ou de bouchon, et si légères, qu'elles restent un moment suspendues sur l'eau avant d'aller au fond. Ces os dans cet état, ne happent presque point à la langue, prennent un certain poli étant frottés avec un morceau de linge ou de papier, font avec l'acide acetique une effervescence assez sensible en certains endroits, et point à d'autres, et se calcinent au feu, et donnent une chaux couleur de chair mêlée de parties blanches peu caustique. Ce fut pour la première fois, le 7. Octobre 1820 que j'en reçus une grande boite pleine, de certaines nouvelles fouilles dont je viens de parler; elle en contenait de diverses espèces et de diverses grandeurs: des fragmens de côtes dont quelques-unes très-petites; une portion de crane presque toute réduite en fragmens, et et qui ainsi que plusieurs vertèbres douées encore de toutes leurs apophyses, ressemblent, il faut l'avouer, beaucoup à des os humains, mais qui vraisemblablement appartenaieut à quelque espèce d'animal, dont la tête et d'autres os, avoient une conformation fort approchante des mêmes parties osseuses chez l'homme; cependant ils paroissent en général plus spongieux et moins forts : les os du crâne, quoique entiers et doués de leurs deux tables et de leur diploë, n'ont souvent que l'épaisseur d'un carton mince, et leur légéreté est telle, que ce n'est qu'avec quelque peine qu'on les fait aller au fond de l'eau. Ces mêmes fouilles m'ont enfin donné des vertèbres qui semblent avoir appartenu à quelque reptile, dont l'une fort endommagée est à l'état de craye, et deux portions de deux petites, cilindriques, encore réunies, à l'état de véritable pétrification calcaire jaunâtres, et toutes trois sans apophyses.

Le 21 Novembre 1820, on m'apporta encore une prodigieuse quantité d'os fossiles semblables à ceux des fouilles dont je viens de parler, venant d'un nouveau filon osseux rempli de sable brun, de la montagne dite du milieu, *Mittenberg*, faisant partie du *Mont-Calvaire*, trouvés également s'il en faut croire les ouvriers, à une profondeur de plus de quatre toises. Une étude plus aprofondie de tous ces os, m'a prouvé qu'ils sont les mêmes dans tous ces filons ferrugineux, qu'ils appartiennent à diverses espèces d'animaux tous mammifères. On y trouve un grand nombre de portions d'une tête, qui paroit constamment avoir appartenu à un même animal, mais point d'os de la face à quelques morceaux de mâchoire supérieure près. Ces portions de la tête appartiennent presque toujours au crâne; ce sont des fragmens à bords plus ou moins anguleux, qui font encore voir les petites dentelures de nombreuses sutures dentées, qui sans doute ne se soudaient jamais, ce qui est cause qu'on ne retrouve jamais en entier ce crâne, qui devait être d'une ampleur considérable : Les os des mâchoires tant inférieure que supérieure et les dents, sont très-petits en comparaison de ce crâne. Les dents sont munies de trois racines dont deux réunies, qui en offrent les parties les plus longues tandis que le corps même en est très-petit; celui-ci est doué encore d'un bel émail, composé de cinq à six pointes mousses, laissant entre elles un creux assez profond formant la couronne, ce qui annonce que l'animal auquel ces mâchoires ont appartenu, était de l'ordre des carnassiers, et même très-vorace, puisque les pointes des dents sont souvent très-usées. On trouve encore parmi ces os fossiles beaucoup d'omoplates grandes et petites et différentes; beaucoup d'os grands et petits minces, en forme de *S*, qui semblent être des espèces de clavicules; des os grands et petits fort singuliers, plats, mais ayant une figure de cornes fort recourbées, larges à leur base, et fort minces à la pointe. On y trouve de très-beaux os sacrum très-bien conservés. Enfin, on y trouve un nombre très-considérable de vertèbres de diverses formes et grandeurs : il en est d'assez petites, dont le corps pas très-épais présente plusieurs petites entailles sur l'une de ses faces, qui s'étendent comme des rayons de la circonférence au centre, auquel elles n'arrivent point; il en est de très-petites encore, dont le corps est comprimé, et dont les apophyses également comprimées sont si rapprochées, que la cavité ovoïde par laquelle passait la moëlle épinière, se trouve très rétrecie; enfin il en est de très-grandes, à corps très-épais, à apophyses très-bien prononcées, qui appartenaient certainement à un grand animal.

J'ai reçu à diverses époques une très-grande quantité des ces grandes vertèbres provenant de ces fouilles, les mêmes qui ont donné des dents d'éléphant et autres, et ressemblant, je le repéte, entièrement à celles de l'homme, même par la finesse et l'espèce de régularité de leur tissu spongieux. En dernière analyse, je penche beaucoup à croire que l'animal auquel elles ont appartenu, devait être une espèce gigantesque, à laquelle se rattachaient aussi les os sacrum dont je viens de parler aussi bien plus forts que les nôtres, espèce bien plus grande que celle de l'homme, mais très-voisine de la sienne par ses formes et son organisation ostéologique, et entièrement perdue : du moins paroit-il bien certain que ce ne peut avoir été celle de l'homme même, qui dans l'état le plus sauvage, montre toujours des traces d'industrie, dont on ne retrouve nul vestige parmi les monumens géognostiques. *)

Cette singulière espèce de filon est tantôt puissante de plus de deux toises, tantôt comme étranglée et très-mince, quand elle se trouve resserrée par le rocher, qui çà et là présente encore des masses assez solides pour être cernées tout à l'entour, sous forme de colonnes ou de piliers, et plus souvent ne s'y rencontre plus que sous forme de fragmens plus ou moins décomposés, recouverts d'un joli spath calcaire colunnaire, en colonnes prismatiques irrégulières, très blanc, faisant voir de tems en tems une écorce d'un blanc de craye, et recouvert de sable calcaire blanc ou faiblement jaunâtre, doué quelquefois d'une saveur légérement salée ou légérement stiptique, et assez semblable à celle du sulfate de fer.

J'observerai que ce spath a des propriétés particulières, qui peut-être doivent le faire placer dans un autre ordre. Il est extraordinairement pesant pour un carbonate de chaux, et peut-être autant que le sulfate de baryte, fait une vive effervesence avec les acides, mais ne se dissout pas en entier, décrepite fortement au feu, fait voir à la flamme extérieure au chalumeau, une belle lueur phosphorique bleue ; pulverisé, il s'y pelotonne un peu, puis se réduit en chaux peu caustique, et que l'eau n'attaque que faiblement. Ce spath semble se décomposer assez promptement à l'air : quelques-uns des prismes dont il est composé, ayant resté pendant plusieurs semaines hors d'une fenêtre de ma chambre, ont bientôt perdu leur translucidité, sont devenus nébuleux, puis laiteux, et ont commencé à se recouvrir d'une écorce blanche.

La formation de ces filons osseux, n'est certainement pas contemporaine de celle du calcaire brèche de *Bade*, mais lui est au contraire à ce qu'il paroit bien postérieure. Elle ne renferme point de pétrifications de coquilles comme ce calcaire, mais rarement des coquilles plus ou moins calcinées, et d'ailleurs d'une conservation parfaite, et plus rarement leurs noyaux : une des derniéres fouilles que j'ai fait faire, m'a donné un grand et superbe cornet, qui semble quoique ses couleurs soient presque entièrement effacées,

---

*) J'ai reçu avec les os fossiles que je viens de décrire, quelques autres petits, trouvés dans la vallée de *Ste. Hélène*, en creusant un puits, parmi lesquels, il y a deux petites dents fort singulières, et que l'on ne sait à quel animal rapporter : elles sont oblongues, composées de quatre pointes coniques mousses, dont deux plus grandes que les deux autres, creuses, et happant fortement à la langue. On en avait trouvé quelque tems auparavant dans des fouilles faites sur le *Mont-Calvaire*, une variété un peu différente à trois pointes rangées sur une même ligne et très-comprimées, de manière qu'elles se terminent à leur couronne en forme de tranchant, variété que je possède aussi.

se rapporter à l'espèce de l'amiral, *Conus Admiralis*, et un joli buccin. Avec divers ossemens fossiles que l'on m'apporta le 28 Janvier 1821 il se trouvait aussi une brèche à très-petit grain, renfermant un noyau bien reconnoissable d'une valve de came assez grande, et environ d'un pouce et demi dans les deux sens de cette coquille, extraordinairement rare comme tous les bivalves dans ces filons osseux; le ciment singulier de cette brèche, est une masse concrétionnée, composée d'une infinité de petits corps ronds ou plus ou moins sphériques, gros comme des semences de certaines plantes qui ressemblent beaucoup à l'oolite à petit grain, et il est évident, que cette brèche rencontrée une seule fois dans les nombreuses fouilles faites depuis qu'on les a entreprises à mon instigation et mes frais, a été formée par l'infiltration des eaux dans la masse sabloneuse de ces filons, dont on y observe aussi quelques glandes, et a enveloppé une came fossile, qui ayant été détruite, aura laissé le noyau dont je viens de parler à sa place. Cette formation renferme aussi beaucoup de pierres à fusil, que je n'ai jamais retrouvées dans le calcaire brèche de *Bade*, souvent accompagnées ou enveloppées d'une écorce blanche, comme celles qui ont leur gissement dans la craye, et les cailloux roulés qui marchent de compagnie avec les os fossiles, sont rarement du Quartz, presque toujours le grès dur dont j'ai parlé en son lieu *pag.* 5., se retrouvant par conséquent partout, et ordinairement plus gros. que ceux du calcaire brèche.

Mais si la formation des filons osseux des environs de *Bade* est plus jeune que la roche qui la renferme, elle est incontestablement plus ancienne que celle des brèches osseuses: *Imrie* (*Transact. de la Soc. Roy. d'Edimbourg Tom* IV. 1798. *pag.* 191), dit que cette brèche des rochers calcaires de *Gibraltar*, contient des os avec des coquilles de terre, des fragmens du rocher même, de petites portions de spath calcaire, et en un mot tous les corps qui se retrouvent encore à la surface des montagnes: et *Cuvier*, nous apprend que celles de *France* et de *Piémont*, ne contiennent que des restes d'animaux domestiques, des dents de boeuf, de cheval, de chévre, de mouton; or j'ai démontré que les filons osseux de *Bade*, ne renferment que des coquilles de mer, et que l'immense quantité d'os qu'ils contiennent, en offrant bien à la vérité quelques-uns qui semblent se rattacher à des espèces voisines du cheval et du cochon, en présentent un bien plus grand nombre, ayant évidemment appartenu à de grands mammiféres comme des espèces d'éléphants, de rhinocéros, de chameaux, ou d'animaux inconnus, et même de reptiles, comme une espèce de crocodile, et une de grand serpent, telles, qu'il n'en existe point de nos jours en Europe.

Il est sans doute difficile de dire pourquoi ces ossemens et les corps qui les accompagnent, ne se trouvent point ici dans une masse solide et pierreuse comme ailleurs, mais constamment dans un sable fin calcaire ou carbonate de chaux pulvérulent, et je ne conçois qu'une manière d'expliquer cet étrange phénomène, en admettant que des secousses très-violentes, telles que celles de terribles tremblemens de terre, (dont les causes ainsi que l'influence sont faciles à comprendre, en se rappelant ce que j'en ai dit au sujet du redressement des couches des monts cettiens *pag.* 29), qui auront rompu la continuité des grands feuillets calcaires dont les montagnes de ces contrées se composent, y auront ouvert de larges fentes, qui auront englouti les eaux qui en sillonaient la surface, et qui en s'engouffrant avec violence et rapidité dans ces vastes ouvertures, auront entrainé avec elles et déposé ensuite, les particules fines de calcaire brèche de *Bade*, (dont la texture comme nous l'avons vu, offre beaucoup de prise à des agens destructeurs), menuisé, miné par elles le long de leur cours, ainsi que des cailloux roulés et les animaux habitans de la terre à cette époque.

Il paroit même qu'aujourd'hui encore, les eaux de pluie et celles des neiges et des glaces fondues, s'introduisent quelquefois fort avant dans ces filons mobiles, et entrainent avec elles ce qu'elles trouvent sur leur route; ce ne peut être qu'à une pareille cause, qu'il faut attribuer la présence de quelques objets produits de l'art humain, que l'on rencontre quelquefois à de grandes profondeurs, dans cette espèce de sable resserré entre des murs de rocher, tels par exemple, qu'un fragment d'une très-vieille boucle de fer, trouvé dans les fouilles de la vallée de *Ste. Hélène* que je possède, une petite caisse de bois carrée, trouvée à quatre toises et demie de profondeur avec les os et des fragmens de calcaire brèche de *Bade* recouverts de cristaux de spath, et jusqu'à des pièces de monnoie, mais qui (celles du moins que je possède), ne remontent pas à une très-haute antiquité: j'en reçus deux petites d'argent le 28 Janvier 1821, dont l'une portant le nom *Sigismundus*, se rapporte peut-être au roi et empereur *Sigismond*. C'est à la même cause qui introduisit et sans doute introduit encore, tant de corps étrangers de diverse nature dans ces filons osseux, qu'il faut aussi attribuer la présence de beaucoup d'os et de dents surtout, qui paroissent bien plus jeunes que ceux que j'ai décrits, comme se rattachant aux dépots les plus anciens de ces filons: dans ce nombre il faut comprendre beaucoup de dents, qui semblent avoir appartenu à des chevaux, à des boeufs, à des cerfs, et qui quoique fossiles et fortement incrustées de la matière sabloneuse calcaire qui s'est moulée autour, sont cependant d'une telle fraicheur, que si on ne les eut déterrés à de très-grandes profondeurs, on douterait volontiers qu'elles eussent été ainsi enfouies, d'autant plus que plusieurs offrent encore des portions d'une écorce ou d'un tartre brun, qui sous divers aspects, fait voir des vestiges d'une sorte de chatoiement et d'un éclat métallique.

Maintenant si l'on se rappelle que l'on n'a trouvé dans les terreins du pays plat des environs de *Vienne* et de la basse Autriche en général, que des restes de monmouth, espèce d'éléphant, qui ne paroit pas être la même que celle dont le *Mont-Calvaire* près de *Bade* m'a fourni des dents molaires, et des vestiges très-rares d'autres animaux, il faudra ce me semble conclurre de ces faits, en les combinant avec ceux du même genre que viennent de nous offrir les montagnes des environs de *Bade*, qu'à l'époque qui précéda la formation des plaines de ces contrées, il n'existait plus qu'un très-petit nombre de mammifères, en comparaison de celle qui a précédé les formations de dépôts d'ossemens que renferment les montagnes, et presque plus aucuns de mêmes espèces; et cependant, à juger par le grand nombre de coquilles fossiles gissantes au sein de ces mêmes terreins, il n'est pas douteux qu'à cette époque encore de l'une des plus jeunes formations du globe, le climat n'ait été partout le même qu'il avait été jusqu'alors, comme je l'ai déjà dit dans mon *Coup d'oeil Géognostique*.

Il ne m'appartient pas de parler dans ce livre des eaux minérales chaudes de *Bade*, sur lesquelles le Docteur *Schenk* en 1817: *Die Schwefelquellen von Baden in nieder. Oesterreich*, et *Rollet Hygieià* etc. etc. ont publié des relations où l'on trouve plusieurs détails intéressants. Je dirai seulement, que j'ai vérifié avec satisfaction et étonnnement une observation du premier de ces auteurs, à la source que l'on nomme *Ursprungsquelle*: l'eau qui sort de quatre ouvertures et remplit un bassin profond, en lançant continuellement à sa surface, des bulles des gaz que le Docteur *Schenk* dit être le gaz acide carbonique, ne fait éprouver aucun sentiment de chaleur à la main qu'on y plonge, et cependant il s'en élève constamment une vapeur très-chaude, affectant sensiblement la température du souterrain au fond duquel elle se fait voir, qui est une voûte creusée à plusieurs toises de profondeur, dans le calcaire de *Bade*, rongé et décomposé par elle, et tout recouvert de gouttes de cette vapeur condensée. Ces gouttes, et la pierre tellement décomposée, que souvent elle se laisse détacher à la main en forme de masses friables d'une espèce de sable, ont une saveur acide et stiptique, qui est évidemment celle de l'acide sulfurique délayé ; et tous ces fragmens ou cette espèce de sable, sont remplis de jolies aiguilles transparentes de gypse.

Que cette eau ne contient point de véritable foie de soufre, c'est ce que prouve assez le sédiment blanc qu'elle dépose sur divers corps comme nous le verrons plus bas ; mais les faits que je viens de rapporter, ne peuvent ce me semble guères laisser de doute, qu'elle ne contienne de l'hydrogène sulfuré, décomposé par la simple vaporisation de cette eau, activée par la chaleur du souterrain, de manière que le soufre devenu libre, se dépose en partie sous forme de fleurs de soufre près des sources et dans les bains, surtout en hyver où la condensation des vapeurs est plus forte, et en partie se combine avec l'oxigène de l'atmosphère de ce souterrain, pour constituer par l'intermède de l'eau l'acide sulfurique, dont une partie encore à son tour, s'unit à la chaux de la pierre calcaire, pour former une quantité innombrable de petits cristaux de sulfate de chaux. Une partie de cette pierre du souterrain, passe elle-même à l'état d'un beau gypse blanc presque compacte, et souvent à celui de véritable farine fossile ou gypse pulvérulent très blanc, qui se réduit facilement en poussière entre les doigts. Cette pierre est d'ailleurs remarquable, parcequ'elle renferme déjà çà et là quelques cailloux roulés, comme on l'observe très-bien dans un fragment que je possède.

Les thermes que l'on emploie à *Bade* ne sont pas les seuls, et il paroit qu'il en est encore beaucoup d'autres dont on ne fait pas usage. En se promenant dans la rue qu'on nomme *rue de l'allée, Allée-Gasse*, on voit au fond d'un ruisseau, une infinité de sources qui se font jour au travers des conserves, *conferva thermarum*, dont ce ruisseau est couvert. Il paroit aussi, qu'il en existe beaucoup le long de la rivière, et tous ces thermes déposent sur les conserves et les cailloux roulés du fond de leurs lits, une substance blanche que l'on avait regardée jusqu'ici comme un foie de soufre naturel, et qui semble être ce que *Hausmann* regarde comme un hydrate de soufre. J'ai ramassé à une source, formant un jet considérable, au bord d'un bras du *Schwaechat* que l'on nomme *Mühlbach*, au dessous d'un bain public (le bain des pauvres), auquel il fournit de l'eau, presque vers l'extrémité orientale de la ville, douée d'un faible dégré de chaleur, j'ai ramassé dis-je à cette source, des cailloux roulés et des portions de conserves recouverts de cette substance blanche, qui au sortir de l'eau, était humide, onctueuse, et grasse au toucher comme le savon, mais qui désséchée, formait un enduit d'un blanc de neige, qu'on avait quelque peine à détacher avec un couteau. Cet enduit ne brûle point à la flamme d'une chandelle, n'exhale aucune odeur sensible, se pelotonne et se fond promptement, et donne un résidu brun qui tache le papier. Ce dépôt blanc, n'est donc point un foie de soufre, mais je suis porté à croire, que c'est un mélange de très-peu de soufre, d'un peu de fer, et de beaucoup de sulfate de chaux, qui comme je l'ai déjà dit abonde partout à *Bade*, et que l'on retrouve même dans le limon des eaux thermales de *Bade*, *Bade-Schlamm* en allemand, sous forme de petits points brillans, de petites aiguilles, et de petites lames. Ce limon contient également peu de soufre, mais cependant à ce qu'il paroit plus que le dépot blanc dont je viens de parler, puisqu'il a déjà souvent par lui-même une faible odeur de soufre, dont la fumée qui s'en dégage au feu, est douée encore plus fortement.

Il est certain que ces thermes étaient connus des Romains, qui y ont laissé comme dans tous les pays sur lesquels s'est étendue leur domination, des monumens durables de leur séjour dans ces contrées ; et le peu de soin que l'on a donné à la conservation de ces monumens de l'antiquité, découverts lorsque l'on bâtissait *Bade*, prouve en général qu'on montrait à cette époque peu de goût et de curiosité pour les sciences et les arts. De tous les vestiges d'un bain de vapeurs établi sur la source nommée *Ursprungs-quelle*, et de pavés et d'autres constructions anciennes que l'on a trouvés le long de la place de la colonne, et dans plusieurs endroits des rues adjacentes, qui ont été masqués et remplacés par des constructions modernes, il n'existe plus que deux briques incrustées dans les murs du bâtiment qui renferme *l'Ursprungsquelle*, qui attestent que la XIIIme légion a édifié et habité longtems cette ville.

Mais ces monumens de l'antiquité déterrés à *Bade*, ne sont pas, j'ai lieu de le croire les seuls qui y aient existé enfouis dans la terre, et le fait suivant en fournit la preuve.

Le 9. Novembre 1820, je reçus encore beaucoup d'os fossiles des dernières fouilles qui conduisirent sans doute les ouvriers creusant sans ordre, sans régularité, et sans précaution, (de manière, que le terrein s'est éboulé une fois sur eux), à une galerie ou souterrain latéral, aboutissant à ce qu'il paroit à une source thermâle, qui va former celle nommée *Ursprungsquelle*, ou à cette dernière même ; souterrain qui vraisemblablement quoique rempli aussi de sable semé de quelques os fossiles, est du moins en partie, un ouvrage des hommes, abandonné depuis un tems immémorial, et sur lequel on ne peut avoir aucune autre notion, que les morceaux-mêmes qui en ont été extraits et m'ont été apportés. Ce sont des croutes gypseuses, comme celles que nous avons observées plus haut (*page précédente*) le long des parois de la galerie voûtée renfermant le bassin de la source minérale de la ville la plus anciennement connue, chargées de même lacide sulfurique, et recouvrant de même aussi des fragmens de brique ou de rocher encore lardé de quelques petits cailloux roulés, ou changés en gypse, d'un blanc de neige, en grande partie pulvérulent et décomposé, en partie sous forme concrétionnée, présentant des mamelons grossiers, souvent composés d'une infinité de petites tables cunéïformes, lamelleuses, ou d'aiguilles fines disposées en étoiles ; assez souvent aussi ces croûtes du côté en contact avec le rocher, sont teintes en gris brun, et recouvertes d'une infinité de cristaux très-petits difficiles à bien reconnoître, qui semblent cependant être un tas de prismes minces, comprimés, ou de tables cunéïformes, lamelleuses, debout ou couchés les uns sur les autres.

Je ne puis passer sous silence deux de ces morceaux surtout, renfermant deux corps de couleur de brique pâle, et qu'on prendrait d'abord pour ces produits de l'art, l'un, long de trois pouces et demi, et l'autre de quatre et demi, et tous deux, d'environ neuf lignes d'épaisseur, arqués, un peu applatis, d'une texture lamelleuse comme celle des os, et qui semblent en effet, des fragmens de côtes d'un animal pétrifiés, dont on reconnoît encore dans l'un, de foibles vestiges du tissu spongieux, qui en général a disparu, et a été rempli et masqué par la matière de la pétrification, qui quoique pénétrée d'acide qu'on lui enlève en la lavant, est une véritable pierre à chaux compacte, se convertissant en chaux blanche au feu, tandis que la partie voisine de celle en contact avec la flamme, devient brune et même noire comme la plupart des os fossiles de ce pays, ce qui prouve que les os fossiles des environs de *Bade*, se trouvent très-rarement aussi dans le calcaire brèche de Bade-même.

Ce même souterrain, m'a fourni deux briques certainement romaines, qui ne sont malheureusement pas entières; cependant on voit encore sur l'une d'elle, la lettre *V*. avec une barre parallèle à l'une des branches de cette lettre derrière elle, reste indubitable d'une inscription, dont la partie la plus entière, se trouvoit sur la portion de cette brique qui n'existe plus, le tout enfermé dans un carré long, comme les inscriptions de toutes les briques romaines. La *figure* 73 fournit le dessin en petit du fragment que je possède.

C'est une grande singularité sans doute, que de toutes les médailles déterrées dans plusieurs parties de la ville dont je viens de faire mention, et qui ne se trouvent qu'en petit nombre chez M. *Rollet*, et le Bourgmestre *Mayer*, aucune, (et je les ai examinées avec attention), ne puisse être considérée comme un monument historique relativement à ce pays, attestant que les vainqueurs de l'Univers, en furent aussi les bienfaiteurs, en élevant une cité renfermant dans son sein comme de nos jours, des sources si salutaires, et si propices à la conservation de l'espèce humaine.

Au reste j'observerai en terminant cet ouvrage, qui si l'on ne peut refuser des titres à l'antiquité aux thermes de *Bade* non plus qu'à l'ancienne *Vindobona*, et surtout à *Carnuntum*, que l'on croit avoir été comme la capitale de la Panonie, on ne peut de même quoique en aient pensé les auteurs qui ont écrit sur cette partie de l'Autriche, leur en accorder à cette splendeur, à cette magnificence, qui ont illustré les cités les plus célèbres de la domination romaine, et dont les monumens imposans sont parvenus jusqu'à nous. Ces monumens qui sont des restes d'amphithéâtres, de cirques, de temples, de statues, de bains superbes, de mosaïques remarquables par leur beauté, d'aqueducs etc. etc. manquent entièrement dans ce pays, car on peut à peine donner ce nom au soit-disant arc de triomphe de *Petronel* qui peut-être n'était autre chose qu'une porte de ville: d'où l'on peut conclure ce me semble avec assez de fondement, que les Romains considérèrent toujours ces cités, comme de simples postes militaires qu'il leur convenait de conserver, ou par conséquent, ils formèrent des colonies militaires, et des établissemens stables et permanents, mais auxquels ils n'attachèrent jamais le prix d'une grande considération et d'une grande affection.

E R R A T A.

Page 1 ligne 24 au lieu de *la rocher est à pic* lisez: *le rocher est à pic*

— 2 — 24 — *ou deribles courans* lisez: *ou de terribles courans.*.

Idem: — 28 — *se procufrer* lisez: *se procurer*

— — 31 — *et de plus délicates* lisez: *et des plus délicates*

— — 32 — *qui sont voir* lisez: *qui font voir*

— dernière ligne — *cerveau de mes.* lisez: *cerveau de mer.*

Page 3 ligne 13 — *sur une des quelles on voit* lisez: *sur chacun desquels on voit*

— 5 — 25 — *des Fares-Kiesel* lisez: *Fazèr-Kiesel,*

Idem: dernière ligne de la note: au lieu de *un dégréde vitrification* lisez: *un degré de vitrification*

— 6 ligne 24 au lieu de *ou laissent precipités ensuite* lisez: *ou laissent précipiter ensuite*

— ligne suivante: — *et où ces précipiter* lisez: *et où ces précipités*

— — 36 — *que j'ai fait des siner* lisez: *que j'ai fait déssiner*

— avant dernière ligne: au lieu de *de dépots renferment* lisez: *de dépots renfermant*

Page 7 ligne 1 au lieu de *la grande insecouciance* lisez: *la grande insouciance,*

Idem: dernière ligne — *de funt Chevalier* lisez: *défunt Chevalier,*

Page 8 — 39 — *en series parallèles* lisez: *en séries parallèles*

— 9 — 5 de la note: au lieu de *et premier gardien de cette collection* lisez: *et le premier gardien de cette collection*

— 10 — 6 au lieu de *à l'ocil de l'observateur* lisez: *l'oeil de l'observateur*

— 11 — 8 — *et melangés de particules* lisez: *mélangé de particules*

— 11 — 24 — *pétrificés,* lisez: *pétrifiées*

Idem: — 43 — *tellinnes* lisez: *telline, et de même à la page 12. ligne 28. et de même page 14 ligne 18.*

Page 14 à la fin de la 6me ligne: au lieu de *encore* lisez: *encore*

Idem: ligne 10 après *c'est donc à tort* substituer une virgule au point et virgule

— au commencement de la 12me ligne, au lieu de *ondement,* lisez: *fondement*

— ligne 31 au lieu de *ebonlé* lisez: *éboulé*

Page 15 — 25 — *s'y trouve est combiné* lisez: *s'y trouve combiné*

— 16 — 9 et 10 au lieu de *environaantes* lisez: *environnantes*

— 17 la ponctuation de la note est vicieuse, point de virgules après les mots *depuis* et *nommée*

— 18 au commencement de la 12me ligne: au lieu de *feuillée* lisez: *feuilletée*

Idem denière ligne, il faut une virgule après les mots: *et au pied de celle ci*

Page 19 ligne 12 au lieu de *gne uss,* lisez: *Gneis,*

— 21 — 15 — *a reoueilli* lisez: *a recueilli*

— 22 — 35 — *comme des piquures des mouches* lisez: *comme des piquúres de mouches*

Page 23 ligne 8 après les mots : *de cette espèce de palmier même* au lieu d'une virgule, il faut au
     point et virgule
— 23 Toute la ponctuation depuis la 16me ligne jusqu'à à la fin du paragraphe est manquée : point de
     point après le mot *horizontales* de la 16me ligne mais une virgule après *horizon-*
     tales A, point de virgule après *venant* à la ligne suivante ; et plus loin, une
     virgule après *et de la pesanteur,*
Idem : ligne 28 une virgule après *dans nombre d'endroits,*
— — 38 virgule après *superficielle,*
Page 25 avant-dernière et dernière lignes : après *d'une poussière de cette couleur,* il faut un point
     et virgule
— 26 ligne 30 et 31 virgule après *très riche en manganèse,*
Idem : — 35 une virgule après *de larges fissures,*
— — 37 une virgule après *deux petites boëtes,*
Page 30 ligne 33 au lieu de *les formés* lisez : *les formes*
Idem avant dernière ligne : au lieu de *lichen petreux* lisez : *lichen petreus*
Page 31 ligne 25 virgule après *inspection superficielle des Montagnes,*
Idem : ligne 27 virgule après *de beaucoup d'éclat,*
Page 36 avant dernière ligne : au lieu de *qui ne dur* lisez : *qui ne dure*
— 37 ligne 32 une virgule après *de la rivière qui la traverse*
— 40 — 24 au lieu de *quo je viens d'ennoncer* lisez : *que je viens d'énoncer*
— 42 — 17 point de virgule après *pulvérulent ou*
— 43 — 18 au lieu de *Une autre morçeau* lisez : *Un autre morceau*
— 45 première ligne de la note : au lieu de *et que prousses à ce même feu* lisez : *et que pousses*
     à ce même feu
Idem 2de ligne de la note : au lieu de *blanes* lisez : *blancs*
Page 46 — 12 au lieu de *Ours de grottes* lisez : *Ours des grottes*
— 48 — 9 — à sa grandeur e sa grande largeur lisez : *à sa grandeur et sa grande*
     largeur
— 51 — 39 et 40. au lieu de *avec l'acide acetique* lisez : *avec l'acide acétique*
— 52 — 11 *jaunâtres* lisez : *jaunâtre*

Tab.1
1.
2.
3.
4.

Tab. 2.

Tab. 3

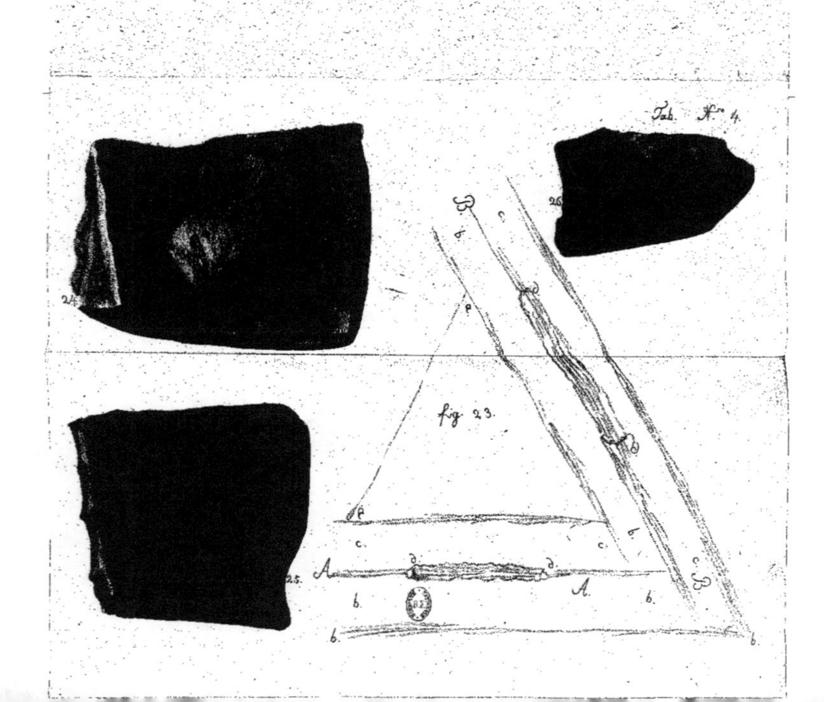

Tab. No 4.
fig. 23.
A.
B.

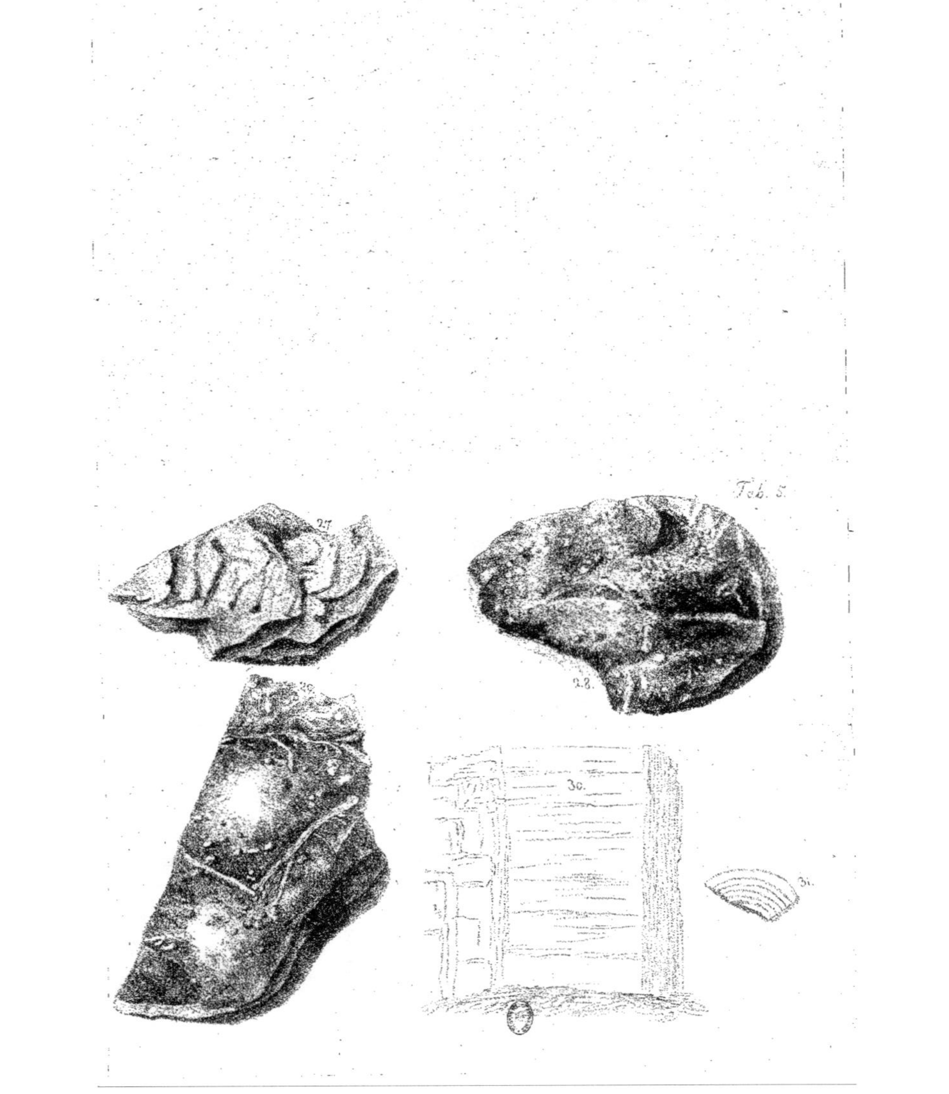
Tab. 5.
27.
28.
29.
30.
31.

Tab. 6

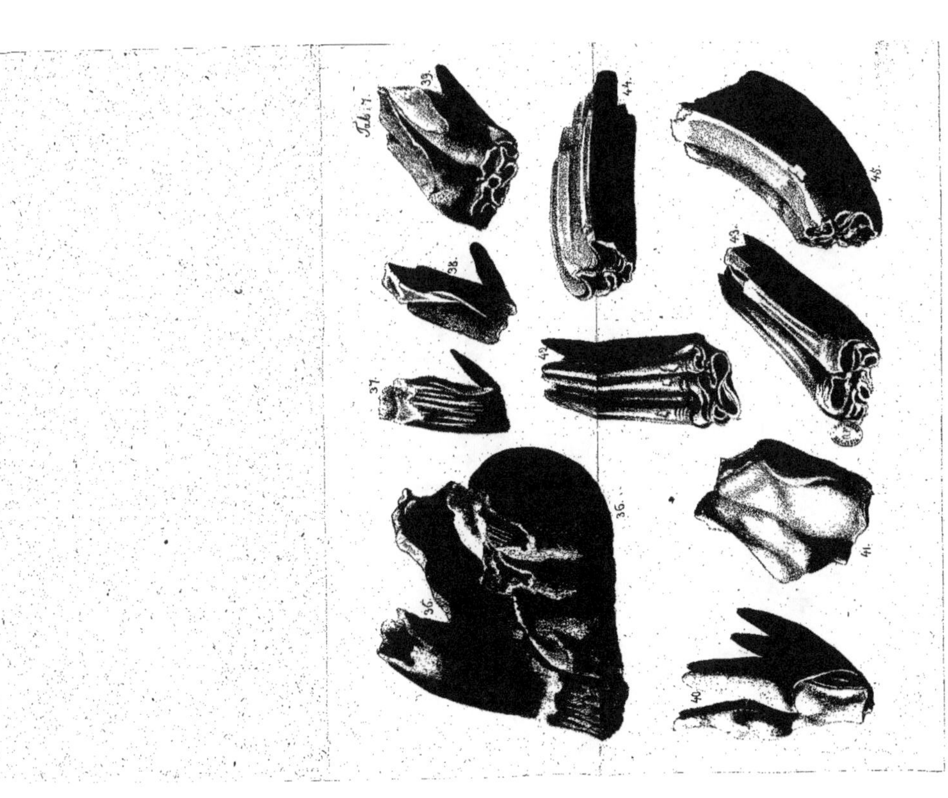

Tab. 7.
33.
44.
45.
38.
43.
37.
42.
41.
35.
36.
40.

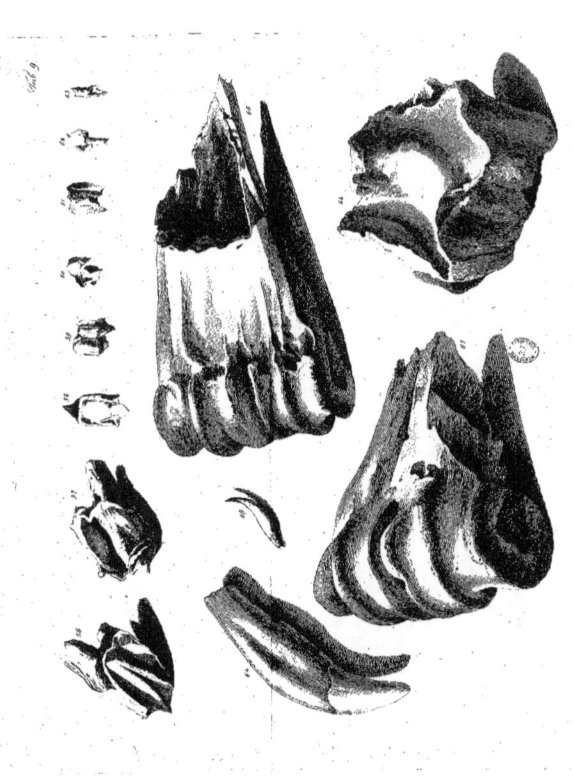
Tab. 9

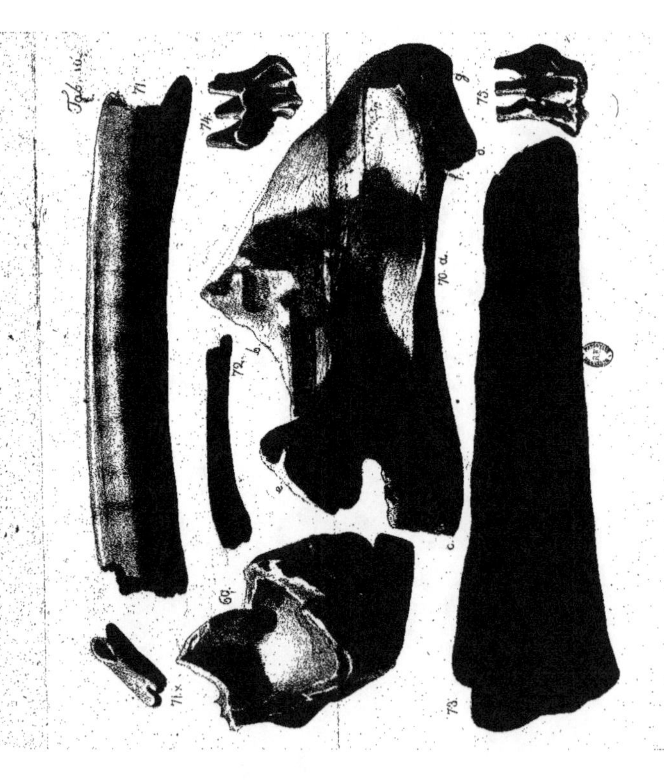
Tab. 116.
71.
74.
73.
72. b.
70. a.
69.
71.*
73.
g
f
e
c

www.ingramcontent.com/pod-product-compliance
Lightning Source LLC
Chambersburg PA
CBHW051552050726
47595CB00002B/745